图 8-1 油菜

图 8-2 刺槐

图 8-3 柑橘

图 8-4 枣树

图 8-5　乌桕

图 8-6　柿树

图 8-7　荆条

图 8-8　大叶桉

(a)

(b)

图 8-9　枇杷

图 8-10　向日葵

图 8-11　棉 花

图 8-12　西 瓜

图 8-13　黄 瓜

图 8-14 南 瓜

图 8-15 蒲公英

图 8-16 益母草

图 8-17 金银花

图 8-18 萱 草

图 8-19 草 莓

图 8-20 玉 米　　　　　　　　图 8-21 马尾松

图 8-22 柚 子　　　　图 8-23 枸 杞　　　　图 8-24 板 栗

图 8-25 中华猕猴桃　　　　　　图 8-26 李

图 8-27 合欢

图 8-28 葱

图 8-29 韭菜

图 8-30 萝卜

图 8-31 莲

图 8-32 柳兰

图 8-33 紫苏

图 8-34 雷公藤

蜜蜂
高效养殖技术

罗文华　高丽娇　王瑞生　主编

化学工业出版社

·北京·

本书的主要内容为蜜蜂生物学、养蜂设备、蜂场选址及建设、蜜蜂的基础管理技术、蜂群不同时期的管理技术、蜜蜂病虫害防控技术、蜜粉源植物和蜂产品的主要功效及其生产加工技术等，从蜂场选址、饲养管理、蜜蜂病虫害防治到蜂产品生产，全面而系统地介绍了蜜蜂养殖技术。

本书文字简洁、语言朴实、深入浅出、通俗易懂，既有当今先进的科学养蜂技术、又有丰富的实践经验和应用技术，是广大蜂农朋友、蜂业科技人员和养蜂爱好者的良好读物。

图书在版编目（CIP）数据

蜜蜂高效养殖技术/罗文华，高丽娇，王瑞生主编.
—北京：化学工业出版社，2019.11
ISBN 978-7-122-35252-1

Ⅰ.①蜜…　Ⅱ.①罗…　②高…　③王…　Ⅲ.①蜜蜂饲养　Ⅳ.①S894.1

中国版本图书馆 CIP 数据核字（2019）第 214116 号

责任编辑：刘　军　张　赛
责任校对：宋　玮　　　　　　　　　　　　装帧设计：关　飞

出版发行：化学工业出版社（北京市东城区青年湖南街13号　邮政编码100011）
印　　刷：三河市延风印装有限公司
装　　订：三河市宇新装订厂
710mm×1000mm　1/16　印张10¼　彩插3　字数200千字　2020年1月北京第1版第1次印刷

购书咨询：010-64518888　　　　　　　　售后服务：010-64518899
网　　址：http://www.cip.com.cn
凡购买本书，如有缺损质量问题，本社销售中心负责调换。

定　　价：38.00元　　　　　　　　　　　　　　　版权所有　违者必究

本书编写人员名单

主　　编：罗文华　　高丽娇　　王瑞生

副 主 编：刘佳霖　　姬聪慧　　任　勤

编写人员：曹　兰　　高丽娇　　姬聪慧　　雷宏声

　　　　　刘佳霖　　龙小飞　　鲁必均　　罗文华

　　　　　任　勤　　唐凤姣　　王瑞生　　王小平

　　　　　杨金龙　　朱永和

前　言

养蜂业是我国传统的养殖业，具有悠久的历史和灿烂的文化。蜜蜂是人类的朋友，在地球上已生存了上亿年之久，人们在认识蜜蜂、饲养蜜蜂、利用蜜蜂到开发蜂产品的过程中，逐渐掌握了蜜蜂的生物学特性，研究集成了科学的养殖技术。蜂产品是天然的营养保健食品，越来越受到人们的喜欢。目前，我国的蜂群保有量和蜂产品产量均名列世界第一，是名副其实的养蜂大国。但是，我国还不是世界养蜂强国，养殖技术和机械化水平还相对落后，蜂群的平均产量还相对较低，蜂产品品质还有待进一步提高。我国地域辽阔，高山、草原、森林具有丰富的蜜粉源植物，且分布广、种类多，为发展养蜂业提供了坚实的物质基础。然而，我国各地养蜂技术参差不齐、有的地方还较落后，为了提高蜂农的养殖技术水平，增加我国蜂农的养殖收入，促进我国养蜂业快速健康发展，我们组织蜂业科研院所及推广机构蜂业专家编写了本书。

本书在编写过程中参阅了大量的文献资料，编写专家长期从事蜂业技术研究与推广，具有丰富的实践经验。本书重点介绍了蜜蜂的生物学特性，系统介绍了蜜蜂饲养技术、病虫害防治技术和蜂产品的作用与功效，内容翔实、理论丰富，有助于读者全面、系统掌握蜜蜂的科学养殖技术。

我国的养蜂业发展正从传统养殖向安全、高效、绿色的养殖方式转变，希望本书的出版能更好地促进我国养蜂业的健康持续发展。在本书编写过程中，得到了国家蜂产业技术体系多位岗位专家的指导，在此，表示衷心的感谢。由于水平有限，编写过程难免出现疏漏，恳请读者批评指正。

编者
2019 年 5 月

目录

第四章 蜂场选址及建设 / 047

第五章 蜜蜂的基础管理技术 / 053

第六章　蜂群不同时期的管理技术 / 067

第七章　蜜蜂病虫害防控技术 / 079

第八章　蜜粉源植物 / 099

第九章 蜂产品的主要功效及其生产加工技术 / 115

第一章

我国蜂产业的概况

第一节　我国蜂产业的历史

中国养蜂历史悠久。早在西周时期（约公元前 11 世纪—前 771），《诗经·周颂·小毖》就有"莫予荓蜂"的诗句，这是"蜂"字的最早文献记载。"蜜"字则首见于公元前 3 世纪《礼记·内则》。东周时期，出现了现存最早的有关养蜂的文献——《山海经·中山经·中次六经》，其中，"蜂蜜"二字开始组合成双音节词并沿用至今。该文描述了"其状如人而二首"的原始蜂窝形状和"用一雄鸡，禳而勿杀"的祭祷蜜蜂的习俗。

东汉后期就出现了人工饲养蜜蜂，可以说中国的养蜂已有近 2000 年的历史，是世界上最早饲养蜜蜂的国家之一。在公元 1 世纪初，出现了文献上记载的第一位养蜂专家——姜岐。据《高士传》记载，姜岐隐居山林，"以畜蜂豕为事，教授者满天下，营业者三百人。民从而居之者数千家"。当时教授养蜂成为一门专门的学问。

蜂产品的加工技术和利用在西晋时期得到了较大的发展，三国时期（220—280）蜂蜜用于制作清凉饮料和浸渍果品。《吴志·孙亮传》有"使黄门至中藏取蜜渍梅"的记载。《魏志·袁术传》记载，时盛暑，袁术欲得"蜜浆"，但无蜜，乃呕血而死。其时的蜜浆已用于解暑，以蜜羼水而成。西晋能将混合的蜜蜡分开提炼，分别利用。蜂、蜜、蜡除食用、药用外，开始试制防衰、增白的美容剂。晋代女子直接用天然蜂蜜抹面。《名医别录》记载了用"酒渍蜂子敷面，令人悦白"的美容方法。蜂蜡则用于制作蜜印（蜜章）、蜜玺、蜡屐和工艺品蜡凤。

到宋元时期，养蜂技术日臻完善且具有很高的管理水平。刘基的《郁离子·灵丘之丈人》仅 350 余字，却概括了蜂场中蜂群四季管理的基本原则。

截至清末，全国饲养的中蜂约 20 万群。以浙江、福建、江苏、山东居多，其次为河北、吉林、广东、广西、四川、贵州等地。每群蜂年产蜜量平均 5kg，蜂蜡 0.3～0.5kg。

20 世纪初，意大利蜜蜂引入中国后，西方蜜蜂和现代养蜂技术也随之进入中国。中国养蜂开始进入现代养蜂阶段。与此同时，活框养蜂技术开始推广，《实用养蜂新书》（1912，沈化奎译）、《最近实验蜜蜂饲育法》（1913，日本驹井春吉著，顾树屏、华堂合译），这两本著作是早期译著。《养蜂白话劝告》（1917，戚秀甫）、《养蜂全书》（1918，郑蠡、江声）、《养蜂大意》（1919，张品南）等为早期著作。1920 年由张品南编印的《中华养蜂杂志》诞生，是中国第一本养蜂杂志。这些书刊在推广普及近代养蜂技术上发挥了重要作用。

改革开放以来，我国养蜂业发展迅猛，现有蜂农 40 余万人，饲养蜂群由 1949 年的 50 万群发展到 2018 年的 1000 余万群，是世界上蜂群最多的国家。蜂群数量的增加，带动了蜂产品产量的快速增长和产品种类的不断丰富，中国蜂蜜年产量从 1958 年的 1.23 万吨发展到 2018 年的 40 余万吨。现我国蜂蜜出口量居世界首位，每年蜂蜜出口都在 10 万吨左右，年创汇约 2 亿美元。

全国现有蜂产品加工企业 2000 余家，遍及全国。蜂产品的生产加工企业主要集中于浙江、江苏、北京、湖北、安徽、上海、山东、四川等地。

近年来，我国出台了系列支持养蜂专业合作社发展的政策，科学养蜂观念逐渐深入人心，养蜂生产的组织化程度和规模化水平有了突破性的转变和提高。

第二节　我国蜂产业的现状及展望

养蜂业是农业的重要组成部分，投资小、周期短、效益高，不占耕地、不耗粮食、无污染，是一种特色效益生态农业。

近几年来，我国重视养蜂业健康持续发展，成立了国家蜂产业技术体系，开展蜂业科学研究、推广先进养蜂技术、解决蜂产业存在的问题，促进蜂业科技转化为生产力；中国养蜂学会加强对中华蜜蜂的保护、标准化养蜂生产、成熟蜜基地建设与示范、国际蜂产品市场推介，激发了蜂农的养殖积极性，促进我国蜂业快速发展。同时，各级地方政府也非常重视和支持养蜂业发展，加强了养蜂技术与精准扶贫对接工作，从地方财政中划拨专款补贴蜂农，支持养蜂合作社的建立和发展，积极协调养蜂合作社与龙头企业。

1. 养蜂生产稳步发展，现代蜜蜂养殖体系逐步建立

现有蜂农约 40 万人，饲养蜂群约 1000 万群，其中西方蜜蜂约 600 万群，中华

蜜蜂约400万群。据不完全统计，2018年，全国蜂蜜总产量约40万吨，蜂王浆总产量约3000吨，蜂蜡约6000吨，蜂花粉约4000吨，蜂胶约300吨，均居世界前列。全国养蜂规模化、机械化、集约化生产水平逐步提高，全国年饲养100群以上蜜蜂的养殖户比重超过30%，专业化蜂场从人工饲养为主向机械化生产转变。蜜蜂遗传资源保护不断加强，良种繁育体系建设步伐加快。已建成国家级蜜蜂资源基因库1个，蜜蜂国家级保护区3个，中华蜜蜂国家级保种场4个，种蜂生产规模超过10万群。

2. 蜜蜂授粉面积不断扩大，授粉技术得到进一步示范与应用

近10年来，中国设施农业发展迅猛，设施作物应用蜜蜂授粉面积逐年增加，全国设施农作物总面积达5000万亩，设施农作物蜜蜂授粉面积约800多万亩，占总面积的16%以上，尤其是在温室草莓、桃和杏等水果的生产过程中，租赁蜜蜂授粉比例已经达到80%以上。截至2016年，建立以油菜、向日葵、苹果、梨、蜜柚、脐橙、枣、樱桃、草莓、番茄、哈密瓜、水稻、大豆等作物的重点授粉示范区29个，授粉面积达6000万亩。

3. 我国蜂产品加工产业发展迅速，质量标准体系逐步完善

蜂产品需求不断增大，加工产业规模逐年增加，蜂蜜等蜂产品人均消费量比十年前翻了一番。同时，具有蜂产品生产许可证的企业从2010年的778家增加至2016年的1302家，2016年蜂产品出口金额约25亿元，形成了一批加工龙头企业，制订实施了一批蜂蜜、蜂胶、蜂王浆及冻干粉等蜂产品国家标准，建成了国家蜂产品质量标准体系。

第三节　我国蜜蜂的种类及分布

蜜蜂属的昆虫在世界上分布很广，各个种（species）中尚存在众多在形态和生物学特性上具有较大差异的亚种（subspecies）或生态型（ecotype）。因此，在蜜蜂命名上，由于时代或地理上的认知局限，种内、种间、属下、属间的缘系地位改来改去，相当繁复，更加之同物异名（synonyms）或异物同名（homonyms）及无效名称的干扰，造成了一定的混乱。近代，经过中外学者的努力，特别是鲁特涅长期地研究，根据《国际动物命名法规》对各种蜜蜂的命名进行了梳理，为蜜蜂分类做出了卓越的贡献。

目前，蜂业界公认的蜜蜂属的现生种，包括9个明确的物种，依定名先后为：

（1）西方蜜蜂，*Apis mellifera* Linnaeus，1758；

（2）小蜜蜂，*Apis florea* Fabricius，1787；

（3）大蜜蜂，*Apis dorsata* Fabricius，1793；

（4）东方蜜蜂，*Apis cerana* Fabricius，1793；

（5）黑小蜜蜂，*Apis andreniformis* Smith，1858；

（6）黑大蜜蜂，*Apis laboriosa* Smith，1871；

（7）沙巴蜂，*Apis koschevnikovi* Buttel-Reepen，1906；

（8）绿努蜂，*Apis nulunsis* Tingek、Koeniger et Koeniger，1998；

（9）苏拉威西蜂，*Apis nigrocincta* Smith，1998。

在中国境内有分布的蜜蜂种类主要包含东方蜜蜂、西方蜜蜂、大蜜蜂、黑大蜜蜂、小蜜蜂、黑小蜜蜂六种。

1. 西方蜜蜂（Apis mellifera Linnaeus）

蜜蜂属中型体中等的一种，产于西方国家，简称西蜂，分布广，形成众多的地理亚种，目前已成为世界各国主要饲养的、用于生产的蜂种。主要的西方蜜蜂亚种有：意大利蜜蜂（意蜂，*A. mellifera ligustica*）（图 1-1）、卡尼鄂拉蜂（*A. mellifera carnica*）、高加索蜜蜂（*A. mellifera caucasica*）、欧洲黑蜂（*A. mellifera mellifera*）、突尼斯蜜蜂（*A. mellifera intermissa*）、东非蜜蜂（*A. mellifera scutelata*）和安纳托利亚蜜蜂（*A. mellifera anatolica*）等。

图 1-1　意大利蜜蜂（姬聪慧 摄）

目前，中国饲养的主要亚种为意大利蜜蜂，意大利蜜蜂具有以下特点：性情温驯；产卵力强，育虫积极，分蜂性弱，容易养成大群；蜂王产卵不受气候条件的影响，从早春可延续到深秋；采集力强，善于利用大宗蜜源，一个生产群日进蜜超过5kg，一个花期产蜜可超过50kg，不善于利用零星蜜源；分泌王浆和泌蜡造脾的能力强；不怕光，提脾检查时安静，便于管理，度夏能力较强；不耐寒，越冬性能差；盗性较强；易感染幼虫病等。

2. 小蜜蜂（Apis florea Fabricius）

小蜜蜂别名小挂蜂、小草蜂等。中国分布于云南的北纬 26°40′ 以南，海拔 1900m 以下的怒江、澜沧江、元江三大流域的广大地区及广西南部的龙州、百色、上思等地；国外分布于阿曼北部和伊朗以东的南亚和东南亚等国。多栖息于半山坡、溪涧旁、次生灌木丛和杂草丛中，营巢于距地面 1~4m 高的树枝或草茎上，为单一纵向的裸露巢脾，面积如同手掌大小，巢脾上部是蜜、粉圈，下部是子圈。

小蜜蜂护巢性能强，遇到不良环境或敌害时，即在巢脾上形成紧密的蜂团，其采集活动受气温影响较大，冬季清晨往往因气温偏低而停止采集，每年每群平均可取蜜 1kg。工蜂体长 7~10mm，平均吻长 2.86mm，头部和胸部黑色，第 1~2 腹节背板暗红色；蜂王的体色与工蜂相同，后足采粉器退化；雄蜂体色全黑。

3. 大蜜蜂（Apis dorsata Fabricius）

大蜜蜂别名排蜂、马长蜂（傣名），可分为 3 个亚种，除知名亚种 *A. dorsata dorsata* 外，尚有分布于菲律宾的小舌亚种 *A. dorsata breviligula* 和分布于苏拉威西岛（西里珀斯群岛）的炳氏亚种 *A. dorsata binghami*。国内分布于云南省的东南、西南、南部等海拔 1000~2000m 的山区及海南省、广西壮族自治区的南部，西藏自治区的南部和东南部；国外分布于南亚和东南亚。多栖息于悬岩或高大的乔木上，营单一纵向裸露巢脾，脾长 0.5~2.0m、宽 0.4~1.5m，脾的上部和两侧为蜜、粉圈，中间和下缘是产卵圈，工蜂房与雄蜂房大小相同。

大蜜蜂具有很强的抗逆性、飞翔能力和防御敌害能力，几十群甚至上百群聚居在一处。群体有随季节迁移的习性。大蜜蜂工蜂体躯大小与西方蜜蜂的蜂王接近，平均体长 15.5mm，吻长 5.70~6.40mm，头胸部黑色，第 1~2 腹节背板为橘红色。雄蜂体色全黑。蜂王平均体长 20.10mm；体色与工蜂相同。流蜜期的群势可达 7 万只蜜蜂，冬季可保持 3 万~5 万只蜜蜂。1 群野生的大蜜蜂每年平均产蜜量 35~65kg，仅油菜一个花期可取蜜 15~20kg。蜡质优良，含蜂胶较少。此外，大蜜蜂为名贵药材砂仁等授粉增产作用显著。

4. 东方蜜蜂（Apis cerana Fabricius）

东方蜜蜂是在 1793 年被 Fabricius 发现并定名的，分布范围广大，分布区域涵盖热带、亚热带、温带与寒带，遍及南亚及东亚的中国、日本、朝鲜、俄罗斯远东地区、越南、老挝、柬埔寨、缅甸、泰国、马来西亚、印度尼西亚、东帝汶、孟加拉国、印度、斯里兰卡、尼泊尔、阿富汗、巴基斯坦、伊朗等国。在各地形成不同的亚种，各亚种的体型与体色也有差异，目前有 6 个亚种，即：中华蜜蜂（中蜂，*A. cerana cerana* Fabricius）、印度蜜蜂（*A. cerana indica* Fabricius）、日本蜜蜂（*A. cerana japonica*）、喜马拉雅亚种（*A. cerana himalaya* Maa）、阿坝亚种（*A. cerana abansis* Yun et Kuang）及海南亚种（*A. cerana hainana* Yun et Kuang）。

在自然界中，东方蜜蜂蜂群栖息在树洞、岩洞等隐蔽场所，造复脾。雄蜂幼虫巢房有 2 层突起的封盖，内盖呈尖笠状凸起，中央有气孔，蛹成熟时露出内盖。工蜂在巢门口扇风时，头向外，起到鼓风机的作用（图 1-2）。采集半径 1000～2000m。维持 1～3kg 蜂（约 1.5 万～3.5 万只工蜂）的群势。分蜂性强，分蜂期营造 7～15 个王台。生存受威胁时，易发生整群弃巢迁徙。对蜡螟抵抗力弱；易患囊状幼虫病和欧洲幼虫病；抗美洲幼虫病和白垩病；东方蜜蜂为大蜂螨原寄主，但具抗螨（大、小蜂螨）能力，而且飞行灵活，善避胡蜂捕害；产卵有节制，饲料消耗少；个体耐寒性强，可适应并利用南方冬季蜜源。

图 1-2　传统桶养东方蜜蜂（姬聪慧 摄）

东方蜜蜂蜂王有黑色和棕色两种体色。雄蜂体黑色。工蜂体长 9.5～13.0mm；喙长 3.0～5.6mm；前翅长 7.0～9.0mm，后翅中脉分叉；唇基具三角形黄斑；体色变化较大，其热带、亚热带的品种，腹部以黄色为主，高寒山区或温带地区的品种以黑色为主。

5. 黑小蜜蜂（Apis andreniformis Smith）

黑小蜜蜂体小灵活，是砂仁等热带经济作物的重要传粉昆虫。主要分布于南亚及东南亚，在中国云南省南部西双版纳州的景洪、勐腊及临沧地区的沧源、耿马等北回归线以南的北热带地区也有分布。常生活在海拔 1000m 以下的热带地区，多在稀疏的草坡小乔木上露天筑巢，巢脾单一，离地面 2.5～3.5m，近圆形，固定在树枝上。巢脾上部肥厚，将树枝包裹其中，为贮蜜区；中部为贮粉区；下部为繁殖区，供蜂王产卵繁育后代。

黑小蜜蜂护脾性强，工蜂常互相攀缘重叠、结成蜂团，保护巢脾。性凶猛，爱蜇人。对温度很敏感，气温升至 15℃时开始活动，20℃以上时出勤积极，出勤高峰期在 11：00—17：00。工蜂呈黑色，体长 8～10mm，平均吻长 2～3mm；蜂王呈褐色，体长 14～15mm，后肢采粉器退化；雄蜂体色全黑，体长 11～12mm。在野外，每群蜂每次可猎取蜂蜜 0.5～1kg，每年可采收 2～3 次。国内尚未对其进行人工驯养。

　蜜蜂高效养殖技术

6. 黑大蜜蜂（*Apis laboriosa* Smith）

别名喜马拉雅排蜂、大排蜂、岩蜂，是蜜蜂科蜜蜂属最大的一种蜜蜂。中国分布于喜马拉雅南麓，西藏南部，云南横断山脉的怒江、澜沧江、金沙江、红河流域；国外分布于尼泊尔、不丹、印度北部、缅甸北部及越南北部。喜群居，岩栖，多筑巢于海拔1000～3600m离地面较高的避风石岩处，数群或十余群聚居于同一悬岩陡壁上，离地面30～40m。巢脾单一垂直方向，上部为贮蜜区，下部为繁殖区，三型蜂的巢房分化不明显；新脾呈纯白色，旧脾呈黄褐色（图1-3）。

图1-3 黑大蜜蜂（董磊）

三型蜂个体较大，体躯均为黑色。工蜂体长17～20mm，吻长6～7mm，体细长，触角窝间被一撮白毛；雄蜂体长16～17mm；复眼大，顶端相接，呈褐色。

黑大蜜蜂野性凶猛，进攻性极强，爱蜇人，主要采访杜鹃科等植物，每年每群蜂可取蜜20～40kg，具有重要的经济价值，国内尚未对其进行人工驯养。

第四节 我国蜂业存在的问题

1. 养蜂机械化程度低，生产方式落后

养殖蜜蜂主要以手工方式进行生产，生产机械化程度低、劳动强度大、效率低下，养蜂机械化一直是制约养蜂规模化的技术瓶颈。从业人员专业技能水平低，饲养技术落后，蜂产品质量意识差。此外，养蜂技术人员年龄老化，30岁以下的蜂

农不到 5%，60 岁以上的蜂农占总数的 40% 以上。

2. 蜂产品精深加工水平较低，质量安全问题时有发生

我国蜂产品企业加工整体生产规模较小，对蜂产业的拉动能力不足；蜂产品企业研发能力不足，蜂产品营养因子及其功能蜂产品研发能力不足，特色蜂产品及精深蜂产品少，对产品质量安全意识重视不够，导致我国目前消费和出口的蜂产品仍以原料型产品或简单加工的初级产品为主，产品的科技含量与附加值低。同时，蜂产品生产过程产业链长、污染途径多，饲养过程违规使用药物，蜂产品掺假造假、以次充好现象时有发生，总体质量安全水平不容乐观。

3. 蜜蜂授粉机制不完善

我国养蜂业主要以获取蜂产品为主，而世界养蜂发达国家则以养蜂授粉为主、取蜜为辅。长期以来，我国缺少蜜蜂授粉产业化、商品化的激励机制和服务机构，蜜蜂有偿授粉等市场化运作机制尚未完全形成，种养双方利益难以协调。由于蜜蜂授粉增加种植成本，授粉产品无法短时间实现优质优价，种植户对蜜蜂授粉技术的接受存在一定困难。在生产实践中，作物施药、滥用激素等导致蜜蜂死亡，给蜜蜂授粉技术推广带来了较大影响。蜜蜂授粉中的饲养管理、本土熊蜂继代繁育、授粉蜂种的培育与利用等配套技术仍需要进行深入研究。授粉蜂资源不足，用于植物授粉的熊蜂，主要依靠进口，本地授粉熊蜂工厂化繁育技术需要进一步研究完善。

4. 蜜蜂良种繁育滞后，种蜂繁育体系尚不健全

目前，中华蜜蜂野生种群正逐渐减少，有的地方甚至消失。蜜蜂育种滞后，全国良种蜂场资源不足，种蜂年生产规模约 10 万群，优良种蜂供给能力不足，纯种选育、良种扩繁和商品生产三者有机结合的良种繁育体系不健全，优良蜜蜂品种主要依赖进口。对我国具有耐低温和抗螨等特性的本土蜂种——中华蜜蜂并未能很好地进行挖掘和选育，蜜蜂种蜂选育工作长期处于"引种-维持-退化-再引种"的不良循环。

5. 蜜蜂病虫害监测体系不健全、防控技术体系不完善

蜜蜂病虫害始终是严重影响我国蜂产业发展的重要因素。蜜蜂病虫害主要有蜂螨、病毒病、细菌病、真菌及微孢子虫等几十种。病虫害对我国养蜂业影响巨大，每年造成的直接经济损失达数亿元。目前我国蜂产业存在蜜蜂病虫害快速诊断技术少、针对病原的专一性药物不足、蜜蜂病虫害监测网络体系不健全三大问题，制约了我国蜂产业的健康发展。

第二章

蜜蜂生物学

蜜蜂生物学是一门研究蜜蜂行为、形态和进化以及蜂群结构和功能的学科。

第一节　蜜蜂起源与进化

蜜蜂在分类学上属于节肢动物门、昆虫纲、膜翅目、蜜蜂总科、蜜蜂科、蜜蜂属。蜜蜂属是蜜蜂总科中进化得最完善的一个属，共有 9 个种。蜜蜂属中的蜜蜂有以下三方面共同的生物学特性：即营社会性生活，泌蜡筑造双面具有六角形巢房的巢脾，贮蜜采蜜积极。

一、蜜蜂的起源

（1）蜜蜂起源的古生物学证据　蜜蜂起源和进化的最直接证据就是古生物学中的化石记录。古生物学家在不同地质年代的地层中，相继发现了蜂类的琥珀化石。根据鉴定分析，这些蜜蜂化石共包括已灭绝的 9 个种、7 个亚种和现存的 2 个种。

（2）蜜蜂的起源时间和地点　根据已知的化石资料分析，蜜蜂的早期种类应发生在早白垩纪早期（或更早些时代），至晚白垩纪，距今 0.7 亿～1.35 亿年。

关于蜜蜂的起源地点，学术界认为：一是在华北古陆；二是东南亚；三是非洲。

二、蜜蜂的进化

蜜蜂属中的蜜蜂由全球性局域分布扩展到全球性较广泛分布、由较原始的生物学特性发展到较高等的生物学特性的进化序列，构成了蜜蜂的进化史。

1. 地理分布

大蜜蜂、黑大蜜蜂、小蜜蜂、黑小蜜蜂仅分布在热带亚洲地区；东方蜜蜂的分布范围从热带亚洲地区已延伸至温带亚洲地区；西方蜜蜂分布范围则已超出亚洲，遍及世界绝大多数地区。

2. 生物学特性

（1）营巢 大蜜蜂、黑大蜜蜂、小蜜蜂、黑小蜜蜂都在露天营巢，整个蜂巢都只有一片巢脾，都以整群蜜蜂包裹着巢脾的方式维持巢温；东方蜜蜂和西方蜜蜂则在洞穴中营巢，其蜂巢都由若干片巢脾组成，蜂巢内部环境更稳定，在很大程度上减少了外界因素的干扰。

（2）信息传递 大蜜蜂、黑大蜜蜂、小蜜蜂、黑小蜜蜂在信息传递上只依靠比较原始的某些信息素来相互联系；东方蜜蜂和西方蜜蜂在信息传递上则比较完善，除信息素外，还通过"舞蹈"和食物传递的方式来进行联系，其中，西方蜜蜂比东方蜜蜂更完善。

（3）迁飞习性 大蜜蜂、黑大蜜蜂、小蜜蜂、黑小蜜蜂都有季节性迁飞的习性；而东方蜜蜂只有在遭受蜜源缺乏、病虫害危害等不良因素严重干扰时才会迁飞；而西方蜜蜂则几乎不发生迁飞。

（4）蜂房 大蜜蜂、黑大蜜蜂的工蜂房和雄蜂房无差别；小蜜蜂、黑小蜜蜂的工蜂房和雄蜂房有区别；而东方蜜蜂、西方蜜蜂的工蜂房和雄蜂房则有明显区别。

（5）蜂毒的氨基酸序列 小蜜蜂和东方蜜蜂的蜂毒之间存在着 5 个氨基酸的差异，大蜜蜂和东方蜜蜂的蜂毒之间存在着 3 个氨基酸的差异，东方蜜蜂和西方蜜蜂的蜂毒之间无差异。

综上所述，根据地理分布、生物学特性等研究结果来看，蜜蜂属的进化顺序是：小蜜蜂→大蜜蜂→东方蜜蜂→西方蜜蜂。

三、蜜蜂社会化的形成

早期的蜂类都是单个生存，但由于环境的长期影响以及生存产生的激烈的种间和种内斗争，迫使这些蜂类由独居性向初级的社会性，进而向较完整的社会性进化。进化的整个过程是极其复杂的，可以从蜂巢的位置、蜂巢的保温和防卫、社会分工及信息传递四个方面来讨论。

1. 蜂巢的位置

在蜜蜂总科独居性蜂类中，大部分筑巢于地面的土壤中。由于地面积水和爬行动物等的危害，造成蜂繁殖后代艰难，经过长期的自然选择，有些蜂种就移系于树上。但巢脾暴露在外，直接的光照及寒冷的气温又对维持蜂子发育十分不利，为加强巢内的保温，有些蜂自然地由许多个体组成一个小"集体"。经过自然选择，有些蜂便移巢至树洞或石洞中。洞中筑巢使蜂与外界的接触面减小，造成防卫蜂的数量减少、采集蜂的数量增加，从而越冬所需的食粮贮存增加，为蜜蜂形成较完整的社会性提供了可能。

2. 蜂巢的保温和防卫

蜂巢内维持一定温、湿度是个体生存和蜂子发育的一个重要条件，蜂巢防卫则是蜜蜂为了保存种群的一种行为。经过长期的选择和分工，只有一只蜂进化为产卵王，其余的进化为工作蜂，从而使蜜蜂由独居性向初级社会性进化了一大步。

3. 蜜蜂的社会分工

独居蜂没有社会分工现象，必须担负起所有的工作。在初级社会性的蜂类中，有一种大黄蜂，开始蜂王担负起所有的工作，但当第一批蛹羽化成蜂以后，这些初生的蜂便担负起采集、防卫及哺育等工作，这是初始阶段的社会分工。当进化出东方蜜蜂及西方蜜蜂时，就出现了更精细的社会分工，如专职的产卵蜂王、哺育蜂、防卫蜂、采集蜂等。正是因为蜜蜂种群内的社会分工进一步细化，为它们由独居性发展成为较完整的社会性提供了充分条件。

4. 信息传递

个体信息传递是蜜蜂种群内个体间"语言"交换的重要表现，信息传递的方式则标志着该种群的进化程度。在独居性蜂类中，无所谓信息的传递。随着群居性的初步形成，个体间信息传递的方式也随之形成。其中，较低级的信息传递存在于蜜蜂科中的无刺蜂，其侦察蜂发现蜜源后，回到巢中，以"跳舞"的方式刺激其他个体离巢去采集。蜜蜂种群大小的迅速发展、成功的分蜂及顺利地筑巢都与完善的信息传递分不开，也正是由于信息传递方式的不断进化，使蜂类由独居性发展为较完整的社会性成为现实。

总之，蜂类由独居性向较完整的社会性进化，是经过漫长的历史时期，通过长期的自然选择和生存斗争才逐渐形成的。

四、蜜蜂与植物协同进化

昆虫与植物的关系是昆虫和植物在亿万年的进化过程中形成的，不仅表现在农业害虫与植物之间取食与被取食的关系，还表现在授粉昆虫与植物之间的相互作用与协同进化的关系。

所谓协同进化，是指一个物种行为受到另一个物种个体行为影响，而产生的两个物种在进化过程中发生的变化。它包含三个特性：一是特殊性，一个物种各方面特征的进化是由另一个物种引起的；二是相互性，两个物种的特征都是进化的；三是同时性，两个物种的特征必须同时进化。

经过长期的自然选择，虫媒花能散发出芳香的气味来吸引蜜蜂等授粉者；还进化出鲜艳的花色，给蜜蜂提供醒目的标志；最主要的是花瓣或花蕊的基部能分泌出香甜而又营养丰富的花蜜以飨探花者。虫媒花的进化趋势，是有利于吸引蜜蜂等授粉者对其的访问，从而带来异株的花粉。

蜜蜂对植物的适应是蜜蜂与植物协同进化的另一个方面。蜜蜂作为最理想的授粉者，在长期与植物协同进化的过程中，形成了专以植物的花蜜和花粉为食物的特殊生活习性和与之相适应的结构。

1. 蜜蜂个体结构对植物的适应

蜜蜂周身长满了绒毛，有利于蜜蜂收集花粉和授粉。蜜蜂的口器属于有长喙的嚼吸式口器，且有发达的上颚，这种口器结构有利于吸取植物深花管内的花蜜。后足发达，且在后足的胫节近端部较宽大，外侧的中间凹陷，此凹入部分的外周由许多又长又硬的毛所包围，即花粉筐，用于运装花粉。工蜂前肠中的嗉囊特化为蜜囊，这是其他昆虫不具备的。在蜜蜂的感官中，其辨色能力也是与其生活环境相适应的，试验证明，蜜蜂不能辨别鲜红色与黑色、深灰色，因此鲜红色对蜜蜂来说，并不是醒目的颜色，这与自然界的植物大都是黄色和白色的花、并使蜜蜂在取食生态位上与其他授粉动物分开是相适应的。

2. 特殊生活习性对植物的适应

（1）采集花蜜、花粉的本能　蜜蜂采集花蜜和花粉时，每次访花的数目、经历的时间、每日出勤次数以及平均采集重量，取决于花的种类、温度、风速、相对湿度以及巢内条件等因素。据观察，蜜蜂每次采粉需要访问梨花84朵或蒲公英100朵，时间为6~10min，采粉重量为12~29mg；每日一般采粉6~8次，最多达47次，平均10次；25%的蜜蜂只采集花粉，58%的只采花蜜，17%的蜜粉兼采。

（2）飞行能力　工蜂有较强的飞行能力，在晴朗无风的条件下，意大利蜂载重飞行的速度为20~24km/h，最高飞行速度可达40km/h。

（3）活动范围　通常蜜蜂的采集活动，大约在离巢2.5km的范围内。以半径2km计算，其利用面积在12km²以上。如果附近蜜粉源稀少，强群采集半径甚至会扩展至3~4km。

（4）很强的信息获得能力　一方面，蜜蜂能分泌多种外激素，借空气或接触向同种其他个体传递信息，如蜜蜂在访花时会在花上留下特有的气味，并能保持一段时间，告知其他蜜蜂个体该花近期已被访过，以提高采集效率；另一方面，蜜蜂能利用特殊"舞蹈"语言表达信息，发现蜜粉源的工蜂回巢后，会以不同形式的舞蹈把信息传递给其他工蜂，以表达所发现蜜粉源的量、质、距离以及方位，大大提高了传粉效率。

第二节　蜂群组成及动态分析

　　蜜蜂是社会性昆虫，以群体为单位，任何一只蜜蜂都不可能长时间地离开群体而单独生存。一般情况下，正常蜂群中有一只蜂王、数千至数万只工蜂，数百至数千只雄蜂。蜂王、工蜂和雄蜂总称为三型蜂（图2-1）。

蜂王　　　　　　　　　　雄蜂　　　　　　　　　　工蜂

图2-1　三型蜂（摘自中国畜禽遗传资源志-蜜蜂志）

一、蜂王

　　蜂王在王台中产下受精卵，受精卵经过3天后孵化为小幼虫，这种小幼虫在整个发育期都食用工蜂提供的蜂王浆。随着幼虫生长，王台也会随之加高。在幼虫孵化后第5天末，工蜂用蜂蜡将王台口封严。在已封盖的王台内，幼虫继续进行第5次蜕皮后化为蛹，然后由蛹羽化为处女王。在处女王出房前2～3天，工蜂先把王台顶盖的蜂蜡咬薄，露出茧衣，以便让处女王容易出房。刚刚出房的处女王，便立即去寻找其他王台。当遇到一个封盖的王台，处女王便用锐利的上颚从王台侧壁咬一个小孔，然后用螫针把未出台的处女王一个个都刺死在王台中。除非工蜂保护几个王台，以便进行第2次或第3次分蜂。否则处女王会在巢脾上不断巡视，直到消灭最后一个王台为止。如果两只处女王正好同时出房，那么它们将进行生死决斗，并用螫针和上颚去攻击对方，直到其中的一只被杀死。

　　由于刚羽化的处女王畏光，加上个体和工蜂差异不大，因此在出房后的几天很难在见光的巢脾上发现它。出房3天后，处女王便出巢试飞，以便熟悉蜂巢所处的环境。因此，为了让处女王更容易辨识自己的蜂巢，一般要在蜂箱上涂上各种颜色。当处女王到6～9日龄时，其尾端的生殖腔时开时闭，腹部不断抽动，并有工蜂跟随，这标志着处女王已经性成熟。在气温高于20℃无风的天气，处女王进行婚飞，交配的地点一般在离蜂箱 3～4km 的 30m 高空。每只处女王可以和数只雄蜂交配。交配可以在一天内完成，也可以在几天内进行。完成了交配的蜂王，通常在交配后 2 天左右开始产卵，并专心履行其职责。已交配的蜂王，可随意地在王台中或工蜂巢房中产下受精卵，或在雄蜂巢房中产下未受精卵。

由于天气的原因，处女王的婚飞可以延迟 3～4 周的时间，如果还不能进行婚飞交配，处女王将在蜂群内开始产未受精卵。

蜂群内出现王台有三种情况：一是群势太强，蜂群自然分蜂，此时王台较多，并且位于巢脾下缘和边缘；二是产卵王已经衰老，工蜂会在巢脾中央位置造 1～3 个王台，来培育新的蜂王，这种情况可以见到老蜂王和新蜂王共存，但不久老蜂王会自然死亡，这种现象叫"母女交替"；三是当蜂群内蜂王突然死亡或受到严重损伤，工蜂会把 1～3 日龄幼虫的工蜂巢房改造成王台培育新的蜂王，此时王台数目最多，且位置不定。

蜂王是蜂群内唯一雌性生殖器官发育完全的蜜蜂，其专职任务就是产卵。一般蜂王体重是工蜂体重的 2～3 倍。意蜂的蜂王体长约 20～25mm，体重约 300mg；中蜂的蜂王体长约 18～22mm，体重约 250mg。蜂王腹部发达，翅膀短而窄，只能盖住其腹部的 1/2～2/3。在产卵期间，工蜂给蜂王饲喂的都是蜂王浆，使蜂王保持快速的代谢能力。据统计，意蜂的蜂王一昼夜可以产卵 1500～2000 粒；中蜂的蜂王一昼夜可产卵 800～1000 粒。每天蜂王产的卵的重量相当于蜂王本身重量的 1～2 倍，这是自然界中一个少有的现象。

蜂王的自然寿命可达 5～6 年，但 1 年后的蜂王，产卵力明显下降。因此，在养蜂生产过程中，为了维持强群，最好每年更换蜂王。

在正常的自然蜂群中，除了蜂群老蜂王与新蜂王自然交替外（即蜂王母女交替），蜂群中只有一只蜂王，这是蜜蜂生物学中的一条基本规律。当蜂王错入他群、或 2 只处女蜂王同时出房、或人为错误地诱入蜂王等，造成一蜂群中有 2 只或 2 只以上蜂王，其结果是蜂王互相厮打，或工蜂围王，最后蜂群中同样只留下一只蜂王。

从理论上讲，若在一蜂群中有多只蜂王共存，多只蜂王同时产卵，可以提高蜂群繁殖速度，培养和维持强群，从而提高蜂群的产量和蜂产品质量。目前在养蜂生产中，只能通过隔王板将蜂箱分隔成蜂王不能互通的两区进行饲养，即双王群饲养，实践证明双王群饲养可提高蜂群繁殖速度和蜂群的产量。严格地说，通过隔王板饲养的双王群还不能属于多王群，因为 2 只蜂王不能互相见面。

多王群是指蜂群中有 2 只以上蜂王存在，并且蜂王能和平共处，各司产卵之职。

在自然条件下，同一蜂群中多只蜂王不能共存，从蜜蜂生物学角度来分析，可能有三个原因：一是不同的蜂王分泌不同的信息素，工蜂和其他蜂王能通过嗅觉系统辨别，从而引起蜂王互相厮打，或工蜂围王；二是工蜂或蜂王能通过视觉系统，发现不同的蜂王，从而引起蜂王互相厮打，或工蜂围王；三是工蜂或蜂王能通过听觉系统，发觉不同的蜂王发出不同声波信号，从而引起蜂王互相厮打，或工蜂围王。当然以上三个原因，可能其中之一，也可能是两者或三者并存。要彻底解决多王群问题，必须从蜜蜂生物学角度，探讨其根本的机理，从而把组建多王群技术更广泛地在养蜂生产中推广应用。

二、工蜂

蜂王在工蜂巢房中产下受精卵，受精卵经过 3 天后孵化为小幼虫，工蜂幼虫在 1～3 日龄时同蜂王幼虫一样食用蜂王浆，但 3 日龄之后食用的却是蜂粮，正是这种营养差别和发育空间大小的作用，使工蜂的生殖器官得不到良好的发育，同时个体与蜂王差异甚大。

刚羽化出房的幼蜂身体柔弱，灰白色，需要其他工蜂饲喂蜂蜜，数小时后逐渐硬朗起来，但动作缓慢，也没有蜇刺能力。3 日龄以内的工蜂除食用蜂蜜外，还需要食用蜂粮，以保证个体正常发育。工蜂初次飞行一般为 3～5 日龄，在巢门附近做简单的认巢飞行并进行第一次排泄。在晴好天气的 13：00—15：00，幼年工蜂会集中出巢飞行，飞行中头向巢门，距离逐渐扩大，约持续 10～20min 后回巢。

工蜂是雌性生殖器官发育不完全者，在蜂群中数量最多，而个体却最小，意蜂工蜂体长约 12～14mm，体重约 100mg；中蜂工蜂体长约 10～13mm，体重约 80mg。工蜂为了适应所负担的各项工作，它的身体许多结构都发生了特化，从外表看最为明显的结构是周身的绒毛和引人注目的三对足（后足有花粉筐），都非常适宜于采集植物的花粉。工蜂的身体内部结构也发生了一定特化，其中前肠中的嗉囊特化为蜜囊，以便贮存花蜜。

工蜂在群内担任的工作随着日龄变化而改变。一般说来，1～3 日龄承担保温孵卵、清理产卵房的工作；3～6 日龄承担调剂花粉与蜂蜜，饲喂大幼虫的工作；6～12 日龄承担分泌蜂王浆，饲喂小幼虫和蜂王的工作；12～18 日龄承担泌蜡造脾清理蜂箱和夯实花粉的工作；18 日龄以上承担采集花蜜、水、花粉、蜂胶及巢门防卫的工作。根据蜂群内的具体情况，不同日龄的工蜂所担任的工作可做一些临时调整。比如由单一幼龄工蜂组成的蜂群，会有部分工蜂提前进行采集活动。另外，在大流蜜期来临时，也会有部分幼龄工蜂提前进行采集活动。

在采集季节，工蜂平均寿命只有 35 天左右，而秋后所培育的越冬蜂，一般能生存 3～4 个月，有时甚至 5～6 个月。

当蜂群中突然失王、群内工蜂能在 10h 内发现蜂群失王，数小时之后整群工蜂就表现出骚动不安，好斗和不断在巢脾上走动，并能听到"轰鸣"声。若群内有受精卵或雌性小幼虫时，工蜂通常在失王 12～48h 内，开始把子脾上的受精卵或小幼虫工蜂巢房改造为王台，并给以特别的食物，这种建造王台行为一直持续到失王后

9～12 日。工蜂通常建造 10～20 个王台，这种改造王台位置不定。自蜂群开始培育蜂王，巢内外的秩序即恢复正常。为了保证蜂王的质量，工蜂会选择 2 日龄以内的工蜂幼虫来培育蜂王。但有时工蜂也会错误地把 4～5 日龄以内的工蜂幼虫巢房或雄蜂幼虫巢房改造来培育蜂王，40%～50%失王群会出现这种现象。

三、雄蜂

蜂王在雄蜂巢房中产下未受精卵，未受精卵经过 3 天后孵化为小幼虫，雄蜂幼虫食用的营养物与工蜂幼虫相似，但数量却多 3～4 倍，因此雄蜂幼虫比工蜂幼虫大。当幼虫封盖时，雄蜂巢房的封盖明显高于工蜂巢房的封盖。中蜂的雄蜂封盖呈笠帽状，并且上面有透气孔，这是意蜂所没有的。

刚羽化的雄蜂不能飞翔，只能爬行，它们主要在巢房的中央有幼虫的区域活动，这主要是因为在这一区域有较多的哺育工蜂，它们一方面可以很方便地向这些哺育工蜂乞求食物，另一方面，这一区域的温度也比巢房周围的温度要高，有利于雄蜂的发育；而发育到了即将成熟阶段的雄蜂则主要在边脾上活动，这时它们可以自己取食工蜂贮存在这些巢房内的食物，同时这些地方离巢门更近，利于它们出集飞行。

羽化后大约第 7～8 天，雄蜂开始认巢飞行，认巢飞行的时间很短，一般只有几分钟。大约羽化 12 天后雄蜂性成熟，它们开始进行婚飞，每次平均持续约 25～32min，甚至超过 60min。雄蜂在一天内会出巢飞行 3～5 次。雄蜂婚飞有一个很明显的特征是成百上千只雄蜂聚集在一起，形成"雄蜂云"，也叫雄蜂聚集区。通常一个雄蜂聚集区会有来自很多个蜂群的雄蜂，而且每年都在同一个地方形成，雄蜂聚集区通常就是雄蜂和蜂王交尾场所。12～27 日龄雄蜂是与处女王交配最佳时期。只有最强壮的雄蜂才能获得与处女王交配的机会。交配后，雄蜂由于生殖器官脱出，不久后便死亡。

雄蜂是蜂群内的雄性"公民"。雄蜂具有一对突出的复眼和发达的翅膀。雄蜂可以任意地进入每一个蜂群，这种特性可以避免近亲交配。

在蜜粉充足的季节，雄蜂的寿命可达 3～4 个月。但当缺乏蜜粉时，或交配季节已过，工蜂便会把雄蜂驱赶在边脾上或蜂箱底，甚至蜂箱外面。

四、蜂群的巢脾及巢房

巢脾是工蜂用其腹部蜡腺分泌的蜂蜡为材料加工而成的，由若干个六菱柱状的小巢房组成。不同蜂种造的巢脾，在数量、形状、大小等方面都有所不同。穴居蜂种造的巢脾数量多，叫复脾；露天营巢类蜂种造的巢脾只有一张，叫单脾；个体大的蜂种造的脾巢房，比个体小蜂种的巢房大；一般来说，单脾蜂种的蜂群，巢脾上贮蜜区比育子区厚得多；而复脾蜂种的蜂群，巢脾的贮蜜区和育子区的厚度差别不大。

　　巢房是巢脾的基本组成单位，每个巢房平行于地面，呈正六棱柱形，与相邻的六个巢房各自共用一个面；巢房的底由三个菱形面构成实底，每个巢房和它对面的三个巢房共用一个菱形面。从总体来看，一张巢脾由很多个互相紧密排列在一起的共用材料的双面巢房构成，这种构造既是最节省空间的，也是最牢固的，因而蜜蜂也被誉为"天才的建筑师"。

　　巢脾上的巢房依尺寸大小，分为三种：王台、工蜂巢房和雄蜂巢房。王台的形状像杯状，开口朝下，体积和口径要比工蜂和雄蜂巢房大，位置随各种情况不一，常位于巢脾的下缘，它的功能就是用来培育处女王，工蜂巢房口径最小，但数量最多，东方蜜蜂的工蜂房内径为 4.4～4.5mm，西方蜜蜂的工蜂房为 5.3～5.4mm，一个标准东方蜜蜂的巢脾约有工蜂房 7400～7600 个，西方蜜蜂为 6600～6800 个。工蜂巢房位置多处在巢脾上、中部，它的作用是用来培育工蜂、贮存蜂蜜和花粉；雄蜂巢房比工蜂巢房大，东方蜜蜂雄蜂房内径为 5.0～6.5mm，深度为 12.5～12.7mm，西方蜜蜂为 6.25～7.00mm，深度为 15～16mm。雄蜂巢房多位于巢脾的下缘和两侧，它的功能是用来培育雄蜂和贮存蜂蜜。

　　在工蜂房和雄蜂房或王台之间，以及连接人工饲养时加入的巢框之间的地方，常有不规则的四边形、五边形或三角形的过渡型巢房。

　　蜂群对巢脾的使用有一定的规律，蜂蜜贮存在巢脾的上方和两边，造复脾的蜂群，有可能把边缘巢脾全部用来贮藏，培育蜂儿的巢房多位于巢脾中部。

第三节　蜂群动态分析

　　蜂群动态分析是蜜蜂生物学内容的重要组成部分，通过蜂群动态分析，可以更清楚地了解蜜蜂群体组成特点及发展规律，以便为养蜂生产提供理论依据。

1. 性比

　　蜜蜂性比是指蜂群中雌性蜜蜂（蜂王和工蜂）与雄性蜜蜂（雄蜂）的比例。根据蜜蜂的生活史，蜜蜂性比可划分为蜜蜂初级性比（即卵、幼虫、蛹性比）和蜜蜂次级性比（即成虫性比），两者相辅相成，但在没有特别说明情况下，蜜蜂性比是指蜜蜂成虫性比。

　　由于蜂群中雄蜂季节性产生，使得蜂群中蜜蜂性比值变化非常大。目前从表面现象上解释，是由于雄蜂的唯一功能是保证蜂群中处女王的交配，处女王季节性出现决定了雄蜂季节性产生。实际上，蜂群是为了充分利用资源和提高繁殖效率，最明显的证据是在蜂群非繁殖季节或食物缺乏时，会清除和驱赶蜂群中的雄蜂。

在蜂群繁殖季节，蜂群中有大量雄蜂存在。蜂群中蜜蜂性比冲突、行为调控以及对蜂群的影响等研究工作，近年来取得了许多新的研究结果。

（1）蜂群中蜜蜂性比冲突　在正常的蜂群中，由于雄蜂交配后马上死亡，加上雄蜂不参与哺育后代，显然雄蜂不可能控制蜜蜂性比。蜂群中蜜蜂性比由雌性蜜蜂控制，雌性蜜蜂控制性比，存在如下三种可能，即由蜂王操纵、由工蜂操纵、由蜂王和工蜂共同操纵。

（2）工蜂调控蜜蜂性比行为　很多研究者认为工蜂可以通过它们筑巢概率调节工蜂巢房和雄蜂巢房的数量，从而达到操纵蜜蜂性比的目的。

（3）蜜蜂性比与蜂群生产力关系　传统饲养蜂群观点认为：为了蜂群高产，必须长年割雄蜂蛹，以便减少蜂群中雄蜂数量。但这种传统饲养观点，受到越来越多研究结果挑战。

按常规设想，不割雄蜂蛹组的蜂群，有大量雄蜂存在，消耗的蜜肯定多，照理产蜜量应比割雄蜂蛹组低。而事实却正好相反，其实正是由于不割雄蜂蛹组的蜂群内，有一定数量雄蜂存在，使蜂群内的蜜蜂性比达到了动态平衡，从而提高了工蜂的采集积极性。由于定期割雄蜂蛹，不但干扰蜂群中的蜜蜂性比自然平衡，而且工蜂还必须花费时间及时清除雄蜂蛹。这样即便不割雄蜂蛹组蜂群内雄蜂消耗了一些蜂蜜，但由于工蜂采集积极性高，采蜜粉更多，因此不割雄蜂蛹组产蜜量比割雄蜂蛹组更高。

另外还发现只要蜂群内有优质蜂王存在，蜂群会根据群内外条件，自行控制群内的蜜蜂性比，使蜂群内的蜜蜂性比达到动态平衡，群内不会出现雄蜂泛滥的情况。由此，提倡在蜂群饲养过程中，除断子治螨及选雄蜂育王等特殊情况外，养蜂者不必定期割雄蜂蛹，以保持群内的蜜蜂性比的动态平衡，以此来提高工蜂育虫和采集的积极性，同时提高养蜂生产效率。

2. 日龄组配

日龄组配是指蜂群内各日龄组个体（包括蜂子）的百分比。为了调查某一蜂群内的日龄组配，蜂子数量可用 5cm×5cm 网格快速测算，成年蜂数量可用称量法来测定。利用蜂群内日龄组配指标值，可以侦测蜂群正常发展趋势。如调查某一蜂群的工蜂年龄个体组配时发现卵为 10%、未封盖子为 20%、封盖子为 40%、成年蜂为 30%，其中成年蜂为 15000 只，若在离调查日期 40 天后有主要蜜源流蜜，由于到流蜜期有 10% 的卵、20% 的未封盖子及 40% 封盖子发育成为采集蜂，采集蜂的数量将达 20000～30000 只。

3. 竞争

在我国，蜂群竞争最明显表现在中华蜜蜂与西方蜜蜂的竞争，引人关注的事实是自 1896 年中国引进西方蜜蜂的 100 多年以来，西方蜜蜂已使我国原来呈优势分布的中蜂受到严重危害，分布区域缩小 75% 以上，种群数量减少 80% 以上，使山林植物授粉总量减少，导致生物多样性降低。

蜂群之间由于竞争，在长期的自然进化过程中，似乎已经形成了以下几种生态分隔现象。

（1）栖息地的差异 在蜜蜂属中，大蜜蜂和小蜜蜂筑巢在树枝上，而东方蜜蜂和西方蜜蜂的蜂巢位置一般在树洞或岩石隙中。由于它们栖息地的差异，避免或减少了蜂种间为了选择栖息地而发生竞争。

（2）喙长的差异 每一种植物可以通过不同途径来控制授粉的昆虫种类，其中花冠筒长短就是控制方法之一。在物种间竞争进化过程中，形成不同喙长的蜂种，如切叶蜂喙比较长，能专一性地为紫苜蓿授粉。中蜂、意蜂之间也有差异，中蜂的喙较意蜂短，因此，对蜜腺深的蜜源植物（比如洋槐和苕子）的利用，中蜂远不如意蜂，这样也可以减少蜜蜂的种间竞争。

（3）活动时间的差异 这也是蜜蜂减少种间竞争的一个方面。比如中蜂出勤表现为早出晚归，而意蜂一般比中蜂出巢较迟，回巢较早，这样就有效地错开了中蜂、意蜂的采集时间，减少了蜜蜂种间的竞争。

第四节 蜂群中的信息交流

作为一种社会性昆虫，蜜蜂能很好地结合形成一个有机整体，蜂群的功能比单个蜜蜂的功能要强得多。但在蜂群中，蜜蜂个体之间必须交流，以便知道群内外的相关信息。

最早对蜜蜂信息交流的研究是从蜜蜂"舞蹈语言"开始的，研究者在观察蜜蜂采集行为时发现，当采集侦察工蜂发现食物后，能"告诉"同一群其他蜜蜂来到食物地采集。

尽管大多数生物学家都倾向于舞蹈是真正食物信息来源的观点，但关于这种"编码"是怎样被翻译成一种"飞行计划"的，却一直没有定量描述。

用一种能粘在蜜蜂背上的微型雷达跟踪系统，追踪蜜蜂的整个采蜜过程发现蜜蜂确实能够读懂舞蹈中所包含的编码信息，而且在飞向目标的过程中也不会受风向变化影响。该发现解决了科学界长久以来关于蜜蜂舞蹈语言的争议。

目前已发现了许多种的蜜蜂舞蹈，如圆舞、镰刀舞、摆尾舞和"呼呼"舞等。

1. 圆舞

圆舞是最初级和最简单的蜜蜂舞蹈，它不能精确表明食物的距离和方向，只是简单通知工蜂食物在离蜂巢很近的地方，一般不超过 50m。侦察工蜂回来后，首先把采来的食物分给巢内工蜂，然后开始跳圆舞，同时用触角与周围工蜂接触。由于巢脾上蜂多拥挤，它们会在较窄的范围内以快而短的步伐做圆周爬行，并且经常改变方向，一会儿冲向左边，一会儿冲向右边，并在原处"画圆"，这就是圆舞。跳圆舞的工蜂可能在某一位置表演几秒到 1min 不等，然后可能爬到巢脾的另一地方吐出采来的花蜜，分给周围的工蜂，并且又重复以上动作。在跳圆舞的工蜂周围的其他工蜂，也会急促地跟在后面左右摆动，并且用触角与跳圆舞蜂的尾部保持联系，当跳圆舞的蜜蜂突然出巢去采集时，后面的跟随者也有一部分出巢去采集。

圆舞不表明食物的距离和方向，因此，要想快速地在蜂巢附近找到食物，显然工蜂必须围绕蜂巢四处飞翔，同时用跟随跳圆舞得到的食物气味来确定食物的具体位置。

2. 镰刀舞

当食物在 10～100m 时，多数蜜蜂品种的工蜂跳的圆舞逐渐地转变为镰刀舞或称为新月舞。镰刀舞是圆舞向摆尾舞的过渡形式。蜜源距离增加时，表演舞蹈工蜂摆尾次数增多，同时镰刀舞两端逐渐向彼此靠近，直至转变为摆尾舞。卡尼鄂拉蜂镰刀舞的变化与多数蜜蜂不同。

有趣的是，西方蜜蜂不同亚种蜜蜂使用不同"方言"。例如德国亚种的卡尼鄂拉蜜蜂是当食物离蜂巢 50～100m 时，表演镰刀舞；而意大利亚种的意大利蜜蜂却是食物离蜂巢 10～20m 时，表演镰刀舞。这种"方言"是遗传的。让卡尼鄂拉蜜蜂幼虫在意大利蜜蜂的蜂巢中哺育羽化，卡尼鄂拉蜜蜂仍然讲"德语"，由此可能会导致蜂巢中的"语言"混乱。

3. 摆尾舞

当食物地离蜂巢 100m 以外时，工蜂跳摆尾舞，这种舞蹈能表明食物的距离、数量和方向。当工蜂从离蜂箱大于 100m 采集食物归来时，工蜂会在巢脾上一边做狭小的半圆活动，稍后急转反方向，在另一边再做另一个半圆运动，这样正好是一个圆周，然后回到起始点做同样的运动。由于蜜蜂在表演时，不停地摆动腹部，呈"8"字形，因此人们把这种舞蹈叫做叫摆尾舞或"8字舞"。

摆尾时间的长短与蜜源距离相关，摆尾时间越长，距离越远；跳"8字舞"的快慢和圈数与蜜源质量的好坏相关，跳得越快、圈数越多，蜜源质量越好。

食物的数量与质量则通过工蜂在跳摆尾舞时，"8"字形转圈的频率来表示，食物越丰富跳摆尾舞的工蜂转圈的频率越高，跳摆尾舞的时间也越长。在垂直的巢脾上，垂直的重力线的反方向代表太阳所在方位，摆尾舞中轴和重力线所形成的夹角，则表明以太阳为准，所发现食物的相对方向。实践证明，即使在阴雨天，蜜蜂仍然能利用天空中的偏振光进行导向，就像有太阳一样，能进行正常飞翔和各种采集活动。

4. "呼呼"舞

工蜂表演"呼呼"舞时，明显振动全身，特别是振动腹部，并经常抓住其他工蜂或蜂王，这种舞蹈在一群蜂中每小时可表演数百次，主要用来调节采集和分蜂活动。

表演"呼呼"舞的多数是携带花粉的工蜂和表演摆尾舞的工蜂，工蜂表演"呼呼"舞的积极性以及工蜂采集的积极性都有相似季节性。

采集工蜂表演"呼呼"舞常常与表演摆尾舞工蜂在巢脾上的同一个区域，并且表演"呼呼"舞的高峰常常与工蜂采集高峰一致。

特别有趣的是，"呼呼"舞与蜂群分蜂相关。当蜂群开始建造王台，蜂王一般不表演"呼呼"舞；当蜂王开始在王台中产卵时，蜂王每小时表演"呼呼"舞约数十次；随着王台封盖时间增加，蜂王每小时表演"呼呼"舞次数由约100次逐渐增加到近300次；当处女王出房后至蜂群准备分蜂时，蜂王每小时表演"呼呼"舞次数由近300次逐渐减少到100多次；当蜂群分蜂后，蜂王每小时表演"呼呼"舞次数由100多次逐渐减少到约20次。

5. 蜜蜂声音信息

摆尾舞与圆舞的最大不同之处是，前者在直线移动时尾部摆动很快，同时发出声音。人们早就熟悉蜜蜂振翅能发出声音，但蜜蜂能否听到通过空气传播的声音却是长久以来探讨的问题。

蜜蜂在进行摆尾舞时产生一系列脉冲声音，频率250～300Hz，每次发音20ms，每秒钟30次，声音是翅产生的。追随的蜜蜂以触角接近舞蹈蜂腹部空气振动最强的地方，因此，能感受到舞蹈时发出的强的低频声音。Kirchner等（1991）认为舞蹈时发出的声音信号有方向信息，或许还能指示距离。蜜蜂在表演舞蹈的同时，也发出声音信号，声音持续时间的长短表明食物源距离的远近，而舞蹈者身体的走向表明蜜源的方向。

第五节　蜜蜂哺育、筑巢及采集行为

一、哺育行为

蜜蜂是一种社会性昆虫，哺育行为是其社会性的一个主要特征。

1. 工蜂对蜜蜂幼虫的哺育

工蜂羽化后，到第6日龄，位于头部的咽下腺开始发育，并分泌蜂王浆，主要用于哺育1～3日龄的小幼虫和产卵蜂王。

哺育工蜂用头部逐一探入幼虫的巢房，尾部翘起，舌端吐出蜂王浆，置放在幼虫的头部附近。幼虫以躯体蠕动摄食。每个工蜂哺育的幼虫范围不是固定的。当哺育蜂发现幼虫有充足的王浆时，便缩回头部，不再饲喂。一般哺育行为在不到 3s 内就完成，但也有一些哺育蜂则用它们的触角对幼小或较老的幼虫进行较长时间检查，要经过 10s，甚至 20s 才离开巢房。对于 4 日龄后大幼虫，工蜂改用花粉混合少量王浆加上唾液进行饲喂。

每只幼虫每天要被哺育蜂探访 1300 多次。在最后一天封盖以前，哺育蜂要探访巢房接近 3000 次。从卵至幼虫封盖，约有 2785 只次哺育蜂参加每个幼虫哺育工作，共计用时约 616min。

2. 工蜂对成年蜂的哺育和食物传递

在蜂群中工蜂相互传递食物，工蜂也给蜂王和雄蜂传递食物。5 日龄以内的雄蜂多由工蜂饲喂，之后便自己取食，而蜂王的一生几乎全由工蜂饲喂，只有在特殊的情况下才会自己取食。工蜂不断彼此相互饲喂，特别是 2 日龄内的幼蜂被饲喂机会更多。工蜂饲喂时间一般为 1~5s，有时为 6~20s，只有少数在 20s 以上。两只蜜蜂之间食物的传递以一方的"乞求"或对另一方的"提供"开始，二者头对着头，用喙饲喂，在饲喂的过程中两只蜜蜂的触角不断地相互接触。

3. 不同蜂种（或品种）间的交哺行为

蜜蜂种间交哺行为，是指一种蜜蜂的工蜂哺育异种（或品种）蜜蜂的行为。东方蜜蜂和西方蜜蜂是蜜蜂属中形态特征、生物学习性最为接近的两个种，在一定条件下，东方蜜蜂和西方蜜蜂之间存在交哺行为。我国有的学者将这种东方蜜蜂和西方蜜蜂之间的交哺行为称为营养杂交，也称为蜜蜂的无性杂交，是指当把甲蜂种（或品种）的幼虫提供给乙蜂种（或品种）进行饲喂后，由甲蜂种（或品种）幼虫发育的蜜蜂具有乙蜂种（或品种）的遗传特性。

东方蜜蜂和西方蜜蜂之间的营养杂交会对后代的一些形态特征产生影响。营养杂交对后代工蜂的喙长、右前翅面积、腹部第 3 和第 4 背板总长、第 4 背板突间距、第 6 腹节面积和蜡镜面积等 6 个指标与亲本工蜂之间存在极显著的差异；营养杂交中蜂第一代工蜂初生重比亲本对照组增加 10.08mg；营养杂交意蜂第一代工蜂初生重比亲本对照组减小了 25.61mg；营养杂交子后代工蜂的苹果酸脱氢酶Ⅱ基因型频率和基因频率与亲本工蜂间存在一定的变异；意蜂营养杂交子后代之间遗传相似系数明显高于亲本；意蜂营养杂交子后代工蜂的抗螨力显著高于亲本。营养杂交可以改变后代工蜂形态、生理生化、分子遗传相似性及抗螨力等特性。

向中蜂蜂群里加入意蜂封盖子脾，或向意蜂蜂群里加入中蜂封盖子脾，当封盖子羽化出房后，便形成了中蜂与意蜂混合群蜂。在中蜂与意蜂混合群蜂中，中蜂工蜂与意蜂工蜂可以和平相处。

二、筑巢行为

1. 筑巢位置的选择

对于蜜蜂而言，一个潜在的筑巢位置至少可从未来巢穴大小、入口大小，与老巢距离等因素来评价其优劣。蜜蜂对筑巢点的选择是一个整体选择的过程，数百只蜜蜂相互配合，同时侦察周围环境，从而找到最适宜的筑巢点。

2. 造脾

找到一个合适的筑巢点后，蜂群必须建造足够多的巢脾。首先，蜜蜂要清理掉洞穴顶部松动易脱落的碎屑，确保巢脾能够悬挂在牢固的表面上。然后，蜜蜂就聚集在一起悬挂在洞穴顶上，形成了一个内部相互连接的蜜蜂团。在接下来的 24h 内，蜂群里除了采集蜂外，几乎所有的蜜蜂都悬挂在原处，静止不动，同时不断地从腹部的蜡腺里分泌出细小的蜡鳞。当蜡鳞分泌足够时，下层的蜜蜂就与其他蜜蜂分开，沿着蜜蜂相互连成的长链向上爬行，蜜蜂将与上颚腺分泌物混合咀嚼过的蜂蜡放置在开始建巢的地点。

通过咀嚼后的蜂蜡具有很好的可塑性，起始只能形成很小的蜡团，但是最终这些蜡团会被"加工"成 1~3mm 长，2~4mm 高的蜡块，蜜蜂就利用这些蜡块建造巢房。在蜡块的一个面上凿出第一个工蜂房的同时，蜜蜂将凿出的蜡堆积在巢房边上。接着这一过程在蜡块第一个巢房对面上重复发生。不同的是，在对面上同时凿出的是两个巢房，而第一个巢房的中心恰好落在了对面两个巢房中心的中间。紧接着，堆积起来的边缘被蜜蜂改造成线形的突起，成为未来巢房壁的基础，同时相连的房壁形成了 120°的夹角，使蜂房成为六边形。随着更多的蜂蜡被堆积起来，与原有巢房相连的新巢房的基部开始成型。蜜蜂不断地向蜂房根部添补蜂蜡，使巢房得以增高，同时将房壁两侧刨平，在中间形成一个薄的，光滑的蜡面。削掉的蜡被再次收集起来，与新蜡一起被再次用于巢房的构建。这个过程反复进行，最终一个薄薄的，呈正六边形的巢房就形成了，同时还常常加上一个宽大的护顶。

蜜蜂还具有高超的刨平巢房间隔板的技艺，通过刨平，巢房壁的厚度仅为 (0.073 ± 0.008) mm。而巢房底厚度也仅为 (0.176 ± 0.028) mm。研究表明，工蜂的触角在测量巢房壁厚度的过程中起着关键的作用。如果人为地截断工蜂触角末尾的第 6 节，工蜂的筑巢行为就会变得混乱无序，甚至部分巢房壁会被工蜂啃出小孔，而另一部分房壁厚度则会变成正常厚度的 118%。

由于筑巢材料的组成是恒定的，而且蜂房的构型也是相同的，因此，工蜂可以利用上颚挤压房壁，通过触角感知房壁的弹力来判断房壁的厚度。工蜂还可以通过回收旧蜡进一步减少蜂蜡的生产。当蜜蜂出房后，它自己或者附近的哺育蜂会小心地咬掉巢房的封盖，将其堆放在巢房的边缘，便于再次利用。与此相似，工蜂利用从相邻的工蜂巢房上削下的蜡屑建造蜂王巢房。当蜂王出房后，工蜂会立刻毁掉蜂王巢房，得到的蜂蜡留作他用。

一个典型的蜂巢约有 100000 个巢房，这些巢房总表面积达到 2.5m²。建成这样一个庞大的建筑物大约需要 1.2kg 蜂蜡。由于蜜蜂必须一点一滴地收集蜂蜡，因此，完成这样一个庞大的建筑十分困难。自然分蜂的蜂群，每只工蜂平均仅携带约 35mg 的蜂蜜。因此，一个拥有 12000 只蜜蜂的自然分蜂群携带的蜂蜜总量也只有约 420g。假设蜂蜡与蜂蜜的能量比是 1∶5，那么一个 1.2kg 的蜂巢，在能量上相当于约 6.0kg 的蜂蜜。

三、采集行为

蜜蜂采集花蜜、花粉、水和蜂胶来维持生活。花蜜和花粉是蜜蜂的食物，它们分别是蜜蜂所需糖类和蛋白质的主要来源。蜜蜂采水的主要目的，一是在炎热的夏天，通过水分蒸发来降低巢内温度，二是用来稀释储存的蜂蜜，为幼虫调制食物。蜂胶的主要作用是用来修补巢房的漏洞、加固巢脾和防腐抗菌等。

蜂群采集食物是一项"巨大的工程"，每群蜂可以看作一个 1～5kg 重的生命有机体，每年要培育约 15 万只蜜蜂，消耗约 20kg 花粉和 60kg 蜂蜜。为了将花朵中所蕴含花蜜和花粉一点一滴地采集回来，蜂群必须进行数百万次采集飞行，飞行总里程超过 2 亿千米。

1. 采集蜂的信息策略

蜜蜂的采集行为是一种社会性的行为，每个蜂群中约 1 万只工蜂参加采集工作，它们分工合作，寻找和采集所需要的物质。当一只"侦察蜂"发现了一个非常丰富的蜜源后，立即会去招引其他的同伴，把它的"重大发现"告诉给同伴，这种行为从表面上看，减少了"侦察蜂"所得的食物比例，但却增加了蜂群整体拥有的食物数量，"侦察蜂"这种行为是蜂群中蜜蜂牺牲个体利益而提高群体效率的一个例证。

(1) 采集蜂对蜜源优劣的评价与选择　当一只采集蜂发现它所采集蜜源的利用价值低于它的同伴所采集蜜源时，它就会放弃对该蜜源的采集；相反，当它发现所采集蜜源的利用价值高于它的同伴所采集的蜜源时，它就会召集同伴来采集这一蜜源。

(2) 采集蜂数量分配　采集蜂包括"侦察蜂"和"被召集蜂"两种。"侦察蜂"是指寻找新蜜源的工蜂。"被召集蜂"是指在获得"侦察蜂"新的蜜源信息后，专门从事采集活动的工蜂。为了达到最佳的采集效率，"侦察蜂"和"被召集蜂"必须合理配置。据研究表明：在普通蜂群中，约有 13%～23% 的采集蜂是"侦察蜂"，在外界蜜源缺乏的季节，"侦察蜂"比例会增加到 35%，而当外界蜜源丰富时，"侦察蜂"比例会跌至 5%。在一般情况下，如果花蜜量减少，传递蜜源的信息也在减少，那么，蜂群会自动增加侦察力度。换个角度而言，这种行为会增大蜂群利用辅助蜜源的可能性。很多的观察结果都支持这一推断。

（3）采集蜂的信息决策　一旦一只采集蜂在召集行为或其他社会化行为的指引下成功地找到了一大片蜜源，如果在这片蜜源里有数种蜜源植物同时开花流蜜，采集蜂必须决定采哪种蜜源。其实，"被召集蜂"只会寻找与"侦察蜂"所传递花香一致的植物花朵。比如，当"被召集蜂"接受了"侦察蜂"传递的天竺葵气味信息后，即使同一地方有天竺葵和茴香两种花香气味的蜜水饲喂器时，"被召集蜂"选择天竺葵气味的蜜水准确率高达99%。

2. 蜜蜂采集花蜜和酿制蜂蜜的行为

工蜂在出巢采集之前，会先在贮存区取食约2mg的蜂蜜，作为采集飞行的能量储备，这可以维持其飞行约4～5km，采集蜂出巢后先根据侦查蜂提供的方向信息进行飞行，到达蜜源后，主要依靠嗅觉和视觉来寻找花朵。当采集蜂采完一朵花上的花蜜后，它会在花朵上留下标记性气味，以避免自己和其他工蜂重复采集，从而提高采集效率。工蜂每一次采集所需要的时间与蜜源的集中程度、蜜源与蜂群的距离以及花朵的泌蜜量等因素有关。

采集蜂采集回巢后，将蜜囊中的花蜜传递给内勤蜂，当这个过程很快完成后，采集蜂就会兴奋地舞蹈，吸引更多的蜜蜂参与采集。而当接应的内勤蜂数量较少，传递过程缓慢时，采集蜂的舞蹈也将缓慢下来，甚至停止。

花蜜中所含有的糖分绝大部分为蔗糖，在被蜜蜂酿制成蜂蜜的过程中将发生两个方面的变化：一是蔗糖转化为葡萄糖和果糖的化学变化，二是花蜜被浓缩至含水量在20%以下的物理变化。工蜂将花蜜吸进蜜囊的同时，也混入了含有转化酶的唾液，里面的蔗糖开始转化为单糖。

当内勤蜂接受花蜜后，会寻找一处有足够空间的巢房，头部向上，张开上颚，整个喙伸缩，喙末端的弯褶部分稍稍展开，反复开合，所吐出的蜜珠逐渐加大到其形状消失，完成上述一系列的活动约需要5～10s的时间，这个过程反复进行，其间，每只蜂有20min的短暂休息。另一方面，蜜蜂加强扇风，使花蜜中的水分加快蒸发，促进花蜜快速浓缩，然后开始寻找巢房，贮存这些未成熟的加工蜜，如果巢房是空的，它便爬进巢房，直至上颚触及巢房底部的上角为止，将蜜汁吐出，此时，蜜汁的含糖量约达60%。然后蜜蜂转动头部，用口器当刷子，把蜜汁涂布到整个巢房壁上，以扩大蒸发面积。当巢内进蜜速度快，蜜汁稀薄时，内勤蜂一方面不停地进行酿蜜工作，另外一方面加速进行贮存，把蜜汁分成小滴，分别挂在好几个巢房的顶上，这样可以增加表面积，加快蒸发。有时蜜珠也会暂寄在卵房或小幼虫房中，以后再收集起来，反复进行酿制。内勤蜂在酿蜜的过程中也会加入自身分泌的转化酶，使花蜜不断地进行转化，直至蜂蜜完全成熟为止。蜂蜜成熟后，被逐渐转移集中到产卵圈上部的脾或边脾上，然后用蜡封盖保存。蜂蜜成熟所需的时间，依花蜜的浓度、蜂群群势及气候而异，一般历时5～7天。

3. 采集和贮存花粉的行为

花粉是植物的雄蕊花药中产生的雄性生殖细胞，是蜂群所需要的蛋白质来源。蜜蜂在采集花蜜的同时也采花粉，有时只单一采花蜜或花粉。同一只蜜蜂在采粉过程中，常采集同一种植物的花粉，不同的蜜蜂会采集不同的花粉。蜜蜂采粉多在上午6：00—10：00，这时花开最盛，花粉最多，湿润易采。通常蜜蜂在晨露未消之前采禾本科植物的花粉，在早晨采葫芦科植物的花粉，多在上午和中午采十字花科植物的花粉。

幼虫和幼蜂都需要食用花粉，因此当蜂群中有大量幼虫时，蜜蜂对花粉的需求增大，会有更多的青壮年工蜂参与采粉。蜜蜂在采集花粉的过程中，足、口器和全身绒毛全部参与采集活动。在采粉时，蜜蜂用喙湿润、舔粘花粉，并用足在雄蕊上采集花粉或者是先在花朵上扭摆身体，使成熟的花粉粒从花药中散落出来，黏附在蜜蜂的绒毛上。蜜蜂在飞离花朵时，它在空中用足把花粉集中起来，安放在后腿上外节的跗节上。工蜂的跗节宽大，并且边缘有浓密的刚毛，形成一个筐状的构造，称为花粉筐。经多次采集，花粉筐中的花粉团越来越大。

采集蜂携带花粉团回巢后，在巢脾上子圈外侧寻找未装满花粉的巢房或空巢房，将腹部和后足伸到里面，用后足基跗节把花粉团铲落到巢房中，然后花粉团由内勤蜂咬碎夯实，并涂蜜湿润，当巢房花粉填至七成满时，蜜蜂便会在上面涂上一层成熟蜂蜜进行保存。

蜜蜂采集花粉，每次访问花朵的数目、历时、采粉量和日采粉次数，主要与花的种类、外界温湿、风速、巢内育虫数量以及巢内花粉储备量有关。一只西方蜜蜂每次采粉量约12～29mg，而东方蜜蜂每次采粉量平均为12mg。一般而言，蜜蜂每天采粉10次左右。风速达17.6km/h时采粉蜂减少，风速达33.6km/h时，蜜蜂停止采粉。

4. 采水行为

水对蜜蜂蜂群来说，不但可用来满足其生理需要，也可用来调剂蜂巢内温、湿度。

一只采集蜂，每天采水的总次数可以达到50次以上，每次采水量约25mg。在干热的条件下，蜜蜂将采来的水像雾点般分置在巢房内各处，并通过扇风来加快水分的蒸发，从而降低温度，并调节湿度，当气温超过38℃时，蜜蜂降低巢温所花的时间，比采集花蜜所用的时间更多。这时蜂巢内的温度，可以在水分蒸发的过程中下降8～9℃，如果没有水，24h内蜂群就会死亡。

5. 采集蜂胶的行为

蜜蜂能从植物的幼芽或松、柏科植物的破伤部分采集树胶或树脂加工成蜂胶。采胶是西方蜜蜂特有的行为，东方蜜蜂不采胶。采胶时，工蜂用上颚咬下一小块树胶或树脂，在前足的帮助下，用上颚把胶揉成团，同时混入自身分泌物，然后通过中足把胶团放入后足的花粉筐中。当两只花粉筐中都装满胶团的蜜蜂飞回蜂巢后，内勤蜂会帮助它卸下胶团，然后放在蜂巢中适合的位置。蜜蜂在使用蜂胶时，会根据不同需要而混入不同比例的蜂蜡，从而使蜂胶具有不同的硬度。蜂胶是一种黏性很强的物质，蜜蜂用它涂刷箱壁，粘固巢框，增强巢脾硬度，阻塞洞孔，填充裂缝，封缩巢门，或掩盖无法拖弃的小动物尸体，以防腐臭。

第六节　蜂群自然分蜂

蜜蜂主要通过分蜂的形式进行种群繁殖，自然分蜂时蜂王会带着一半左右的工蜂离开原巢，有时候刚羽化出房的处女王也会带着一部分工蜂离开原巢，进行第二次自然分蜂，但是这种情况在自然条件下非常少见，因为小蜂群在野外生存概率非常小。在蜂群生活史中，蜂群自然分蜂是最引人关注的生物学特性之一。

一、自然分蜂的过程

分蜂准备实际上是从蜂群春季培育第一批工蜂幼虫开始，培育第一批工蜂幼虫会消耗蜂群中贮存的大量蜂蜜和花粉。第一批羽化的工蜂补充了蜂群中陆续死亡的越冬工蜂。随着蜂王产卵量不断增加，蜂群内的蜜蜂数量相应地增加，同时开始培育雄蜂，这说明分蜂不久就要开始。

在临近分蜂的季节，工蜂会在巢脾下缘筑造几个王台，并迫使蜂王在王台内产下受精卵。当蜂王在王台内产卵 10 日后，工蜂对蜂王不像以前那么亲热，只有少数几只工蜂饲喂蜂王，这样由于产卵蜂王缺少饲料——蜂王浆，它的腹部会自动缩小，以便蜂王能随工蜂飞离原有的蜂巢。

在王台封盖后 2～5 天，在晴暖之日，就会出现分蜂活动。在即将分蜂的蜂群巢门口，可以看到蜂结团，并很少出巢去采花蜜和花粉。分蜂开始的时候，分蜂群巢门口常挂有一团蜜蜂，当蜂王被工蜂驱赶飞离原巢后，蜂群内约有一半工蜂也紧随蜂王离开原来的蜂巢。它们在附近飞翔不久，便在合适的场所（如树枝、墙角）临时结团。先到结团地点的工蜂，为了招引其他的同伴，就撅起腹部，振动翅膀。待蜂王落入分蜂团后，其他工蜂会像雨点一般飞落在分蜂团上。当蜂团静止时，分蜂团中央内陷形成一个缺口，使蜂团通气。从分蜂群开始飞离蜂巢到结团完成，整个过程一般会在 20min 内完成。但有时蜂王并未参与结团，而是回到原来的巢内，结团的工蜂发现分蜂团中没有蜂王时，很快会自动解散，工蜂会自动回到原来的蜂巢内，并迫使蜂王再次出巢，直至重新在外形成分蜂团。

在形成分蜂团后，有数百只侦察蜂会马上外出寻找新蜂巢，往往有数十只侦察蜂同时找到的十几个或更多的新居候选位置，它们会在分蜂团表面用舞蹈来表达自己找到的蜂巢信息，跳舞的热情取决于新居的质量，这时其他侦察蜂会根据舞蹈信息，对这些候选蜂巢的距离、巢门、周围蜜源及安全等进行考察与比较，最后通过蜂群集体决策，选择一个它们认为最好的新居候选地。

迁入新巢后，由于工蜂在分蜂前吸饱了蜂蜜，它们能在一夜间建好一张整齐的巢脾。同时，工蜂开始给蜂王饲喂大量的蜂王浆，过了 1～2 日后，蜂王的腹部不断膨大，恢复了正常的产卵机能。从此，一个新的群体生活宣告开始，分蜂活动结束。

若蜂群要连续进行第 2 次或第 3 次自然分蜂，则在蜂群进行第 1 次分蜂后，工蜂会以刚出房的处女新蜂王为中心重复上述分蜂过程。但是，第 2 次或第 3 次自然分蜂的蜂群，蜂王不能马上产卵，必须经过处女新蜂王性成熟和交配后，才能形成产卵群。

留在原来蜂巢内的工蜂，通过封盖王台来培育新王。当处女王出房后，经过性成熟、交配、产卵等几个阶段，恢复了原来的正常生活。至此，一个蜂群分为了完整的两群或更多的蜂群。

二、自然分蜂的机理

目前关于自然分蜂形成原因的观点很多，但主要可以归纳为以下五种。

1. 哺育蜂过多

哺育蜂是指 6～15 日龄分泌蜂王浆的工蜂。由于在蜂王产卵高峰期过后，封盖子增多，不久群蜂内出现了大量的哺育蜂，哺育蜂的哺育能力远大于幼虫和蜂王的需要。这时，部分哺育蜂不但消耗自己分泌的蜂王浆，而且接受并取食其他哺育蜂分泌的蜂王浆，因而，它们的卵巢得到发育，这样就出现许多假饲喂圈和怠工的现象，从而促使自然分蜂。

2. 蜂王信息素不足

蜂王信息素的主要功能之一是抑制工蜂的卵巢发育。每只蜂王分泌蜂王信息素的量是一定的，当蜂群内每只工蜂得到蜂王信息素的量少于 $0.13\mu g$ 时，则必然导致工蜂的卵巢发育，从而促使自然分蜂的形成。

3. 贮蜜的位置缺少

巢房是蜜蜂贮存食物的仓库，也是蜜蜂生存的场所。实践证明，当巢房都贮满蜜时，蜂群内大部分采集蜂怠工，从而使蜂群内正常秩序被打乱。这种混乱现象要得到解决，只有通过自然分蜂，使蜂群自动分为两群或更多群，这样蜂巢得到扩大，贮蜜的位置也相应得到增加。蜂群需要进行自然分蜂的问题也得到解答。

4. 工蜂保幼激素浓度显著降低

曾志将等（2005）研究了预备分蜂蜂群与尚未准备分蜂的蜂群中工蜂的生理变

化规律，结果表明当预备分蜂蜂群中大量出现封盖王台，准备分蜂时，预备分蜂蜂群中工蜂的血淋巴中保幼激素含量明显低于对照组（尚未准备分蜂的蜂群）同日龄工蜂血淋巴中保幼激素含量。这就预示着预备分蜂群中工蜂推迟发育成为采集工蜂，这与我们所看到的预备分蜂蜂群采集活动下降的现象一致。

5. 合作效应和距离效应

随着蜂群群势的增加，从宏观上会产生合作效应和距离效应。合作效应是指随着群内蜜蜂数量的增加，蜂群生产出的食物也会增加，并且呈上升趋势，但当蜂群中的蜜蜂达到一定数量后，合作效应会逐渐减小。这是因为蜜蜂越多，它们要飞到更远的地方去寻找食物，使得产出增长的效应逐渐减弱，距离效应则增强。自然分蜂则成为解决合作效应和距离效应矛盾的最好方法。

三、控制自然分蜂的措施

在生产季节，发生自然分蜂会影响工蜂的采集积极性，从而影响蜂产品的产量。为此，在蜂群的饲养管理过程中，要随时预防蜂群发生自然分蜂，具体措施：用产卵力强的新蜂王更换强群里的老劣蜂王；适时扩大蜂巢，为发挥蜂王的产卵力和工蜂的哺育力创造条件，使巢内不拥挤；在非流蜜期，酌情用强群里的封盖子脾换取弱群中的卵虫脾，加大强群的巢内工作负担；蜂群强大后，及早开始生产王浆；外界蜜粉源比较丰富时，及时加巢础框造脾，使蜂群贮存饲料和剩余蜂蜜不受限制；炎热季节注意给蜂群遮荫，扩大巢门和蜂路，改善蜂箱通风条件；检查蜂群时，及时毁除自然王台。

对于已经产生了分蜂热的蜂群，要根据群势强弱和蜜源条件酌情处理，控制分蜂的发生，使之恢复正常状态，具体可以采用如下方法。

1. 调换子脾

把有分蜂热的蜂群中的全部封盖子脾提出，抖去蜜蜂，除尽王台，与弱群和新分群中的卵虫脾对换，并按蜂量酌加空脾或巢础框。由于工蜂的哺育负担加重，巢内不再拥挤，其分蜂倾向自然消失。

2. 模拟分蜂

一种方法是先把有分蜂热的蜂群移到旁边，在原址放一个空巢箱，在空巢箱的中间放一张卵虫脾，再用巢础框装满，上面加隔王板和空继箱。然后，把有分蜂热蜂群的蜂王和工蜂都抖落在这个新放的巢箱的巢门口，将其巢脾上的王台除净后放在继箱内。这样，当蜂王和工蜂爬进蜂箱后，由于隔王板的阻挡，蜂王留在充满巢础框的巢箱内。工蜂的一部分也留下来伴随蜂王，另一部分则通过隔王板到继箱中去照顾蜂子。

另一种方法是不搬动原群的蜂箱，直接提出其全部子脾，补以空脾和巢础框，把蜂王和工蜂抖落在巢门口，让它们爬进蜂箱，将子脾除净王台后，分放到其他群里。当蜂王和工蜂恢复常态以后，再酌情补以子脾。

3. 蜂群易位

在外界有蜜源，外勤蜂大量出巢采集时，先将有分蜂热的蜂群里的王台消除干净，再与弱群互换位置。然后，根据这个弱群的现有蜂量，用与之换位的有分蜂热蜂群中的部分封盖子脾予以补充。

第三章

养蜂设备

养蜂设备是养蜂生产的基本条件，是科学化、规模化、机械化养蜂的重要配套工具，采用合适、先进的养蜂设备不但可以大幅度提高劳动生产效率，而且还能提高蜂产品的产量和质量。

第一节　蜂箱

蜂箱是供蜜蜂繁衍、生活和生产蜂产品的基本用具，是养蜂中不可缺少的工具。

一、蜂箱的结构

蜂箱由底箱、继箱、巢框、箱盖、纱副盖、木副盖、隔板、闸板和巢门板等部件构成，其结构呈长方体形，下部是箱底，上面是巢箱。巢箱的前壁下部与箱底处有巢门，是蜜蜂出入蜂箱的主要通道。巢箱之上是继箱，继箱有深继箱与浅继箱两种。根据蜂群情况，继箱可不叠加或叠加一个至多个。最顶层是箱盖，箱盖里面还有副盖。巢箱与继箱中均可悬挂巢框，蜜蜂在巢框里的巢础上筑造巢房，以供生活与繁殖。巢脾与巢脾、巢脾与箱壁之间的空间留有蜂路。

二、蜂箱的设计与制造原则

1. 蜂箱的设计与制造必须合乎蜜蜂的生物学特性和便于现代养蜂技术的实施

（1）符合蜜蜂的生物学特性　蜂箱是供蜂生活、繁殖、栖息的场所，在设计和制造蜂箱时，要充分考虑蜜蜂生物学特性。主要有以下几个重点。

① 蜂箱的大小　蜂箱的大小应当根据所饲养的蜂种在当地气候和蜜源条件下所能达到的最大群势来设计，使蜂群在繁殖、贮存食料和栖息时都有较宽裕的空间。同时蜜蜂育儿、造脾和酿蜜等都需要一定的温湿度，蜜蜂虽能通过集团、散开、扇风和采水等活动来维持蜂群所需的温湿度，但这种调节温湿度的能力是有限的，因此箱体的大小要有利于蜜蜂调节箱内的温湿度。

② 隔热和防水　蜜蜂的活动需要适宜的温度和湿度，尤其是温度。外界的风、雨、雪、阳光等气候因素都会间接影响箱内的温度，并引起蜜蜂为维持蜂巢所需的适宜温度做出相应的反应，消耗食物和体力。所以，蜂箱设计应尽量减轻不利气候因素对蜂巢的影响，尽量减少蜜蜂不必要的体力和食料消耗。特别是要隔热和防水，如蜂箱的箱盖、箱壁和箱底要严密、不得浸雨；蜂箱大盖材料不能吸热，且与副盖之间要保持一定的间隔，这既可在热天隔温，又能在冬天装填保温物；巢门要能随意调节大小。

③ 保持黑暗，便于通风　在黑暗的环境中营巢是蜜蜂的一个重要的生物学习性，但蜜蜂的新陈代谢、温湿度调节等活动也需要进行箱内外的空气交流，所以，在设计蜂箱时既要考虑箱体内部避光，又要注意箱内通风。

（2）利于现代养蜂技术的实施　蜂箱是蜂产品生产的基本工具，为了便于现代养蜂技术的实施，在设计蜂箱时必须合乎下列要求。

① 便于饲养管理操作　蜂箱的设计应能便利地从箱内任意提出巢脾进行检查或观察，管理操作时不易压死蜜蜂。

② 适于分离蜜或巢蜜的生产　蜂箱的设计应能充分利用蜜蜂向上贮蜜的习性，采用继箱生产优质的分离蜜或巢蜜。

③ 能与现代其他蜂机具配套　蜂箱是养蜂的基本工具，它的设计应能够适应现代蜂机具的应用，才能更有效地提高养蜂的生产效率。

④ 各部件规格标准要统一　规格标准统一的蜂箱部件可以互相调换使用，这不但利于蜜蜂饲养管理，而且可提高蜂箱各部件的利用率，更有利于其他现代养蜂机具的推广和应用。

2. 蜂箱的设计必须考虑合适的蜂路和巢框

有了正确的蜂路，再加上合理的巢框，就可以设计出多种不同型式的蜂箱。

（1）蜂路　蜂路是指蜂箱（巢）中供蜜蜂通行、空气流通的空间，在活框蜂箱中指巢框与巢框之间、巢框与箱内各部分之间的间隙。蜂箱内部有了适宜的蜂路，蜜蜂就能够通行无阻，有利于蜜蜂进行各项活动；同时巢内的空气得以顺畅流通。蜂箱的蜂路结构由框间蜂路、前后蜂路、上蜂路和下蜂路构成。目前西方蜜蜂蜂箱的框间蜂路、前后蜂路和上蜂路大小均为 8mm，继箱的下蜂路为 5mm，底箱的下蜂路为 25mm 左右；中蜂蜂箱的框间蜂路为 7mm，前后蜂路为 8mm，单箱体和双箱体蜂箱的上蜂路为 8mm，但双箱体底箱的上蜂路为 5mm，继箱的下蜂路为

5mm，底箱的下蜂路为 25mm 左右。

（2）巢框　巢框是蜂箱的重要部件，由上梁、侧条和下梁构成，用于支撑、固定和保护巢脾。它的形状、大小和数量对所设计的蜂箱有着决定的作用，所以在设计蜂箱时必须先确定巢框框条的大小，选择适当的框型和确定巢框的数量，然后再结合蜂路原理推算出蜂箱各部的尺寸。

① 巢框的框条　巢框由上梁、侧条和下梁构成。一般地，西方蜜蜂巢框上梁的宽度为 27mm，厚度为 20mm，框耳的厚度一般为 10mm。中蜂巢框上梁的宽度为 25mm，厚度 15～20mm，但当采用双箱体时应采用 15mm 厚度的上梁，以缩短上、下箱体内巢脾之间的距离。侧条的宽度应与上梁相同，厚度为 10mm。下梁的宽度，西方蜜蜂的为 20mm，中蜂的为 15mm；厚度为 10mm。

② 巢框的框形　巢框有方形框、高框和低宽框 3 种。西方蜜蜂普遍采用宽度大于高度的低宽框。中蜂蜂箱采用单箱体时，巢框可采用宽略大于高的框型，以利于蜜蜂结团保温和管理蜂群时提脾等操作；当采用双箱体时，整个蜂箱（叠加继箱后）应呈正立方体形或略偏高的立方体形，这时其框应采用宽高比例约为 1 ：（0.5～0.6）的低宽框，这样既能使上继箱后整个蜂箱呈正立方体形或近似正立方体形，箱内蜂团能成球形，又能使采用继箱时上、下箱体内脾之间的距离较小，有利于中蜂上继箱。

③ 框的数量　巢框的数量是设计蜂箱宽度的重要依据之一。蜂箱是蜂群栖息的场所，巢框的数量首先必须满足蜂群栖息的需要，在这个前提下确定的框数量必定可满足蜂群繁殖的需要。当蜂脾比例为 1 ：1 时，整套蜂箱的巢框数量可由下面的公式推算：

整套蜂箱巢框数 ＝（蜂王日平均产卵量 × 工蜂平均寿命 × 每只工蜂占工蜂房数）/［每平方分米巢脾（双面）工蜂巢房数 × 每个巢框的内围面积］

式中，整套蜂箱巢框数指所设计蜂箱总的巢框数量（个）；蜂王日平均产卵量指繁殖盛期的蜂王平均每日产卵的数量（粒/日）；工蜂平均寿命指繁殖期工蜂的平均寿命（天）；每只工蜂占工蜂房数指每只工蜂爬附在工蜂脾上时所占的巢房个数（个）；每个巢框的内围面积指所设计框的内围面积（dm²）。

3. 箱体的设计

（1）底箱

内围宽 ＝（巢框厚度 ＋ 框间蜂路）× 每个箱体容框数 ＋ 闸板厚 ＋ 50mm（余量）

内围长 ＝ 2 × 前（后）蜂路 ＋ 巢框外围宽度

内高 ＝ 上蜂路 ＋ 巢框高度 ＋ 底箱下蜂路

外围宽 ＝ 内围宽度 ＋ 2 × 箱体壁厚度

外长 ＝ 内长度 ＋ 2 × 箱体前（后）壁厚度

外围高度 ＝ 内圈高度 ＋ 底板厚度 ＋ 箱底垫木厚度

底箱前壁高度＝上蜂路＋巢框外围高度＋下蜂路

底板长度＝箱体外围长度＋50mm（蜜蜂踏板）

（2）继箱

高度＝上蜂路＋框外围高度＋继箱下蜂路

4. 制作蜂箱的材料

必须选用坚固耐用、质轻、不易变形、板面宽大、绝热性能良好和易于加工的木材，避免采用有浓烈气味、易变形开裂的硬杂木。蜂箱的绝大部件多采用杉木或红松制作，但巢框的两个侧条应采用结构细密、不易变形的杂木制作，以增加强度，防止框线绷紧时侧条内弯变形和框线嵌入侧条时松弛。用于制作蜂箱的木材必须充分干燥，使其含水率在16％～18％。蜂箱四壁最好选用整板，若用拼接板必须制成契口（契口缝或裁口缝）拼接，四壁箱角处采用鸿尾榫或直角榫连接。蜂箱的表面要光滑、没有毛刺，避免饲养操作及运输过程中伤及手脚和衣物，可涂刷漆或桐油增加使用年限。

三、蜂箱的种类

我国现在普遍使用的蜂箱，西方蜜蜂蜂箱有十框蜂箱、达旦蜂箱、定地转地两用蜂箱、十二框方形蜂箱、卧式蜂箱等；中蜂蜂箱有中华蜜蜂十框标准蜂箱、沅陵式中蜂蜂箱、从化式中蜂蜂箱、中一式中蜂蜂箱、中笼式中蜂蜂箱、高窄式中蜂蜂箱、FWF中蜂蜂箱、GN中蜂蜂箱等。蜂箱的大小和巢框的大小、多少虽有不同，但结构原理则基本一致（详见表3-1）。19世纪末到20世纪初，西方蜜蜂中的意大利蜂、养蜂机具与养蜂技术同时传入中国，我国现在大部分所使用的蜂箱也是原来饲养意大利蜂所用的十框蜂箱。

表 3-1　各种蜂箱的巢框主要技术参数

蜂箱名称	巢框内径/mm	
	长	高
十框蜂箱	428	203
达旦蜂箱	428	257
定地转地两用蜂箱	428	203
十二框方形蜂箱	415	270
卧式蜂箱	428	203
中华蜜蜂十框标准蜂箱	400	230
沅陵式中蜂蜂箱	405	220
从化式中蜂蜂箱	355	206

蜂箱名称	巢框内径/mm	
	长	高
中一式中蜂蜂箱	385	220
中笼式中蜂蜂箱	385	206
高窄式中蜂蜂箱	245	300
FWF 中蜂蜂箱	300	175
GN 中蜂蜂箱	290	133

四、交尾箱

交尾箱是处女王交配期间安置交尾群的专用蜂箱。其基本结构与蜂箱相似，仅尺寸较小。常见的交尾箱有整框式交尾箱、1/2 框式交尾箱、1/8 框式交尾箱、微型交尾箱等。

（1）整框式交尾箱　整框式交尾箱的巢框与十框蜂箱的巢框相同，箱内可容纳 5 个巢框；也可用闸板隔开，分别饲养两三个交尾群。交尾群蜂少而弱，为防盗巢门宜狭小。这种交尾箱可充分利用巢框相同的有利条件，采用框式饲喂器，或从巢箱中提蜜脾饲喂。当交配成功后，还可将蜂王和脾一起诱入需要蜂王的蜂群，操作简单。整框式交尾箱在中国使用最为普遍，其他国家也大量使用。

（2）1/2 框式交尾箱　呈长方体，中间用闸板将空间分为 2～4 个部分。可饲养 2～4 个交尾群，每群放 2～3 个巢框。巢框高度同十框蜂箱的巢框，而宽度只有它的一半。巢框上梁带有饲喂用的食槽。副盖也分为 2～4 块。各个部分分开巢门。

（3）1/8 框式交尾箱　有固定的木板将箱内分为左右两个隔离的空间，可以饲养两个交尾群，每群的后面各备有用于饲喂的食槽。其巢框只有十框蜂箱巢框的 1/8 大小，即内围尺寸高 116mm，宽 112mm。每群可纵向放置 3 个巢框。

（4）微型交尾箱　微型交尾箱是用无毒泡沫塑料压制而成的，其箱盖与箱身结合处以裁口缝相连，配合十分紧密。副盖由无色透明的塑料制成，很薄；箱身前壁的下中部有一小圆孔，是供蜜蜂出入的巢门，箱内饲养一个交尾群。

第二节　饲养管理器具

蜜蜂饲养管理器具是现代科学养蜂不可缺少的辅助工具，采用适当的饲养管理器具可显著提高工作效率。

一、饲喂器

饲喂器是用来装糖浆和供蜜蜂取食的器具。养蜂生产中采用适当的饲喂器可以提高饲喂效率。

（1）瓶式巢门饲喂器　瓶式巢门饲喂器由 1 个广口瓶和 1 个底座组成。广口瓶可容约 0.5～1kg 糖浆，瓶盖上钻有若干直径 1mm 的小孔供蜂吸食。底座上部有可倒插广口瓶的圆孔，当瓶子倒装在圆孔内时，瓶口距底座底板约有 10mm 的距离作为蜜蜂取食通道；底座的一端呈台阶状，使用时用于插在不同高度的巢门。

这种饲喂器通常在晚间放入巢门饲喂蜂，使用时，把已装糖浆的广口瓶的盖子盖紧，并迅速倒插于底座的圆孔内，然后将底座的台阶状一端插入巢门，供蜂吸食。

（2）框式饲喂器　框式饲喂器有全框式饲喂器、半框式饲喂器和浅框式饲喂器 3 种，如图 3-1 所示。

全框式饲喂器：通常采用塑料制成，其形状和大小与框相仿。器内设无毒漂浮网防蜜蜂取食时淹死。全框式饲喂器可容纳糖浆约 2.5kg，适于补助饲喂。使用时，通常置于箱内紧靠隔板处。

半框式饲喂器：通常采用木框架和胶合板（合成纤维板）制成，形似框。其上半部结构与全框式饲喂器相同，下半部的结构与普通巢框相同。这种饲喂器可容纳糖浆约 1kg，适用于补助饲喂。使用时，置于巢内的任一部位。半框式饲喂器的下部可供蜂筑巢育虫或贮蜜，使用时不但保温性能好，而且可节省空间，尤其适于天气寒冷地区和中小蜂群使用。

图 3-1　饲喂器（王瑞生 摄）

（3）上梁式饲喂器　巢框上梁设计有槽作为饲喂器，使用这种饲喂器具有不增加附件、不多占巢内空间等优点，尤其适用于弱小蜂群和交尾群。上梁式饲喂器容量有限，仅适于奖励饲喂，一般每个蜂群采用1～3个即可。

（4）箱顶饲喂器　箱顶饲喂器使用时置于箱体的上方供蜂取食。它具有容量大、有利蜂取食、饲喂时不必开箱和常年可存放于蜂箱上等优点，在国外使用较多。

箱顶饲喂器通常采用木板、纤维板或塑料制成，呈矩形或圆形。器内用蜜蜂限制罩分成两区，罩内为蜜蜂吸蜜区，罩外为贮蜜区。吸蜜区有蜂进入的通道，箱内的蜜蜂通过它进入器内取食。贮蜜区用于盛装糖浆。蜜蜂限制罩通常采用木板、透明塑料、金属板或纱网制成，用于限制蜜蜂在吸蜜区内取食和防止蜜蜂进入贮蜜区淹死。它的下沿通常设计有小缺口，供贮蜜区内的糖水流入吸蜜区。限制罩大都设计成可拆的，以便饲喂后取下，让蜜蜂进入贮蜜区清理残余的糖水。

箱顶饲喂器有箱式箱顶饲喂器和盘式箱顶饲喂器两类。箱式箱顶饲喂器使用时置于蜂箱箱体与副盖之间。它通常用木板或塑料制成，长度和宽度与蜂箱的一样，但高度仅60～100mm，容糖浆量约10kg。盘式箱顶饲喂器使用时置于副盖与箱盖之间，因此在蜂箱副盖中心必须有一个比饲喂器蜜蜂通道略大的圆孔，以连接饲喂器的蜜蜂通道和供蜂进入饲喂器取食；并且要在副盖与箱盖之间加一个空继箱架高箱盖。盘式箱顶饲喂器大多采用塑料制成，大都设计有器盖，以防盗蜂和其他昆虫进入。这种饲喂器能容纳1～10kg糖浆，常用于蜜蜂的补助饲喂。

二、埋线器

埋线器是将巢框所穿的铁丝嵌埋入蜡质巢础里所用的工具。巢础经埋线后，可以增加巢框对巢础的支撑强度。常用的有齿轮埋线器和电热埋线器（图3-2）。

图 3-2　电热埋线器（王瑞生 摄）

齿轮埋线器长约120mm，由齿轮、叉状柄和手柄组成。金属齿轮的中心厚3mm，边缘厚2mm，齿距5.33mm，齿端有一小缺口。

电热埋线器用75W的变压器把220V交流电降至6～24V，将两极的引出线接在框线两端，通电 2～5s 即可埋好巢础。

三、起刮刀

起刮刀采用优质钢锻造成，刀长约 200mm，一端是平刀，一端呈直角的弯刀，主要用于开启副盖、继箱、巢框、隔王板，还可用于刮蜂胶、铲除箱内赘脾、污物和蜡渣等，是管理蜂群不可缺少的工具，如图 3-3 所示。

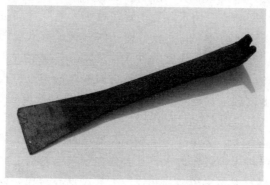

图 3-3　起刮刀（王瑞生　摄）

四、面网

面网是养蜂的防护用品，套在草帽外，管理蜂群时用于保护头部和颈部不受蜂蜇。它的前面视野部分通常采用黑色纱网、尼龙网或金属纱网材料，如图 3-4 所示。面网通常要求视野广，能见度高、轻便、通风、穿戴舒适、不漏蜂、结实耐用。

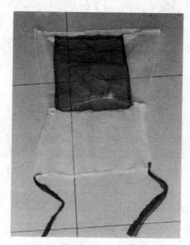

图 3-4　面网（王瑞生　摄）

  蜜蜂高效养殖技术

目前使用的面网主要有圆形和方形的两类。圆形面网大都采用黑色纱网或尼龙网制作，多为我国养蜂者采用；方形面网由铝合金或铁纱网制作，多为国外养蜂者采用。面网需套在其他帽上使用，但有的与帽缝制成一体构成"蜂帽"，或与衣服缝制成一体构成"蜂衣"。

五、隔王板

隔王板是用于限制蜂王在蜂箱内活动区域的栅板，是现代蜂箱的重要附件之一。隔王板由隔王片和框架构成。隔王片有孔型和线型两种。孔型的隔王片通常采用薄金属片或塑料片冲孔而成，孔缘粗糙，易刮伤蜂的翅膀和体毛。线型的隔王片通常采用直径为2mm的钢线或竹丝制成，孔缘光滑，工蜂通过时不会伤翅和体毛。隔王片的孔宽以蜂王胸部的厚度为依据设计，西方蜜蜂的孔宽为4.14～4.24mm，中蜂的孔宽为3.80～4.00mm。框架通常使用宽度为30mm、厚度为12～15mm、不易变形的木材如杉木、红松木制作，有的也采用金属片制成。

隔王板有平面隔王板和框式隔王板两类。平面隔王板习称"隔王板"，放在巢箱和继箱两箱当中，用于防止蜂王到继箱产卵。在养蜂生产中，采蜜群巢箱上加继箱，中间加上隔王板，蜂王限制于巢箱产卵繁殖，继箱用于贮蜜，这样可以获得纯净优质的蜂蜜和提高取蜜的工作效率，也可以在无王区进行育王或蜂王浆生产，如图3-5所示。框式隔王板使用时竖立插于底箱内、用于将蜂王限制在底箱几个脾上产卵繁殖。通常由线型隔王片装置在木框架上构成，也有的在闸板中心挖1个直径为100mm的圆孔嵌装上隔王片构成。我国采用的框式隔王板均由竹制隔王片装置在木框架上构成。

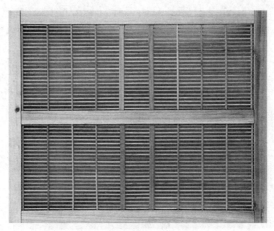

图 3-5　平面隔王板（王瑞生 摄）

此外，我国近几年还出现了多种组合式隔王板。它通常由框式隔王板和小块平面隔王板构成，使用时，把蜂王限制在底箱几个脾的小区域内产卵繁殖，而底箱与继箱之间无隔王板阻拦，让工蜂畅通无阻地上下继箱，以提高工蜂的工作效率。组合式隔王板大多设计成能拼合成平面隔王板使用，做到一物多用。

六、割蜜刀

割蜜刀是取蜜时切除蜜脾封盖蜡房盖的专用工具。有简易割蜜刀、蒸汽割蜜刀和电热割蜜刀三种。

（1）简易割蜜刀　刀身长约250mm，宽35～55mm。有单刃、双刃两种。有的刀口为齿状。刀柄木质弯曲，使用中不时放入热水中加温，以便融软蜡盖，利于切割，如图3-6所示。

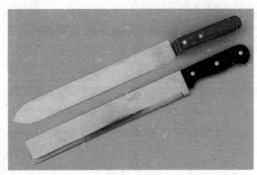

图3-6　简易割蜜刀（曹兰 摄）

（2）蒸汽割蜜刀　由刀身、蒸汽导管和蒸汽发生器组成。刀身长约250mm，宽30～50mm。刀背上有汽室，内部纵隔成两室，在刀尖处相通，供蒸汽循环；每室基部各引一铜导管，穿过刀柄伸出或从刀背近柄处导出。蒸汽发生器产生的蒸汽不断通过导管进入刀身循环，加热刀身。有的在刀背上焊一"U"形管，代替汽室以通蒸汽。

（3）电热割蜜刀　刀身长约250mm，宽约50mm，刀身为双重中空结构，内装有电热丝和微型控温器。电热割蜜刀以交流电为电源，功率120～400kW。刀身工作温度由微型控温器控制在70～80℃之间。

七、蜂刷

蜂刷是一种扫脱蜂的专用工具，主要用于脱除脾、产浆框、育王框上附着的蜜蜂。通常采用马尾毛制成，刷毛须用白色毛制作，黑色毛容易激怒蜜蜂。蜂刷的刷毛通常双排，宽度约为250mm，厚度为5～10mm，毛长约为65mm（如图3-7所示），采用蜂刷脱除蜜脾上的蜜蜂时，通常先抖落巢脾上大部分的蜜蜂，然后再用蜂刷轻轻挑刷除残留在脾上的蜂。在使用过程中，蜂刷的刷毛会因沾上蜂蜜变硬而伤蜂，因而在用一阵后要用清水洗净，使毛保持柔软，避免伤蜂。

蜂刷具有器具小、脱蜂方便等优点，但手工操作劳动强度大、费时，脱蜂时易激怒蜜蜂。

图 3-7　蜂刷（曹兰 摄）

八、喷烟器

喷烟器是一种喷、发烟雾镇服蜜蜂的器具。风箱式喷烟器通常由燃烧炉、炉盖和风箱构成，具有结构简单、造价低、可根据需要控制烟量等优点，被广泛采用，如图 3-8 所示。风箱式喷烟器使用的燃料种类较多，任何燃烧缓慢、能大量产生对蜜蜂无毒的发烟材料都可用作喷烟器的燃料。目前使用的燃料主要有腐木片、麻布片、木屑、碎布片、纸板、松针、细枝和木炭等。

图 3-8　风箱式喷烟器（曹兰 摄）

采用喷烟器镇服蜜蜂时，一般先在蜂箱巢门口轻喷一些烟，把巢门的守卫蜂赶进蜂箱，稍待片刻后打开箱盖。在开启副盖时，先开一小缝，往里喷一些烟再盖上，约1~2min后打开副盖，并朝蜂群再喷烟，就可进行蜂群管理操作。

采用喷烟器镇服蜜蜂时，喷烟量应视饲养的蜂群、天气、粉源、蜂群内有无王和养蜂者管理群的习惯等情况而定，做到适量喷烟。

使用喷烟器应做好喷烟器的保养工作，以延长其使用寿命。首先，喷烟器使用时应间歇鼓风喷烟，不能急剧连续鼓风，否则炉火太旺容易造成燃烧炉氧化生锈损坏，其次，应时常清理炉栅，以免灰烬堵塞其上的通风孔。

第三节　蜂产品生产机具

蜂产品有蜂蜜、蜂花粉、蜂胶、蜂王浆、蜂毒等多种，生产时使用适当的机具和设备，对于提高蜂产品产量和质量都有重要的意义。

一、分蜜机

分蜜机是利用离心力把脾中的蜜分离出来的机具。分蜜机样式多种，但其构造大体相同，通常由机桶、脾转架、转动装置和桶盖等部件构成。取蜜时将削去蜜房盖的蜜脾放框笼内，转动摇蜜机的摇手，蜜脾即迅速旋转，蜜汁受离心作用被旋出，再从桶底口流入接蜜器中。分蜜机主要有弦式分蜜机、辐射式分蜜机、半辐射式分蜜机和风车式分蜜机4大类。

（1）弦式分蜜机　分蜜机中巢脾的平面与分蜜机桶呈弦状排列，见图3-9。弦式分蜜机具体又可分为两种。

① 固定式分蜜机　有2框式、3框式和4框式三种。这种分蜜机脾篮是固定的，在分蜜过程中需提脾换面，工作效率低，但体积小，携带方便，适于转地放蜂。

② 活转分蜜机　有2框、4框和6框的几种。脾篮可左右翻转，当蜜脾一面的蜂蜜分离后，拨转脾篮即可换面，工作效率高，但体积较大。活转分蜜机分有中轴的和无中轴的两种。前者可配备换面装置，制动时借助转动中脾篮的惯性使脾篮自动换面。也有的则是通过活转脾篮底端转轴上的装置，以细钢绳相连，只要翻转其中一个脾篮，便可牵动其他脾篮同时换面。无中轴的活转分蜜机体积较小，工作效率低。

（2）辐射式分蜜机　分蜜机中巢脾的平面沿机桶半径方向排列。比弦式分蜜机容纳的蜜脾多，工作效率较高，巢脾不易破裂。有8~120框的多种规格，大都采用电机驱动。有的配有自动控时控速装置。

大型辐射式分蜜机适用于定地蜂场和大规模的专业蜂场，中小型的可装在流动

图 3-9　分蜜机（曹兰 摄）

取蜜车上流动取蜜。

（3）半辐射式分蜜机　半辐射式分蜜机蜜脾的排列类似辐射式的，但脾面与脾篮架的半径成 15°角。分蜜机由 1kW 的电机驱动，配有转向操纵杆和手刹车装置。

（4）风车式分蜜机　蜜脾分组排列在一个与中轴垂直的平面上，类似风车的叶片。无需换面可同时分离蜜脾两面的蜂蜜。风车式分蜜机有以下两种类型。

① 垂直中轴风车式分蜜机　蜜脾水平放置在可容 9 个或 10 个脾的脾篮承架内，整篮放入分蜜机内脱蜜，每次可分离 36～40 个蜜脾。这种分蜜机难于装卸蜜脾，不适于自动化生产。

②水平中轴风车式分蜜机　承放巢脾架横向，有 4～6 路的，共可容脾数百框，一次可分离蜂蜜达 0.5 吨以上。

这种分蜜机的工作效率比辐射式高，更有利于切割蜜盖和分离蜂蜜过程的机械化、自动化。

此外，20 世纪 80 年代美国、加拿大和澳大利亚等国已设计制造了整箱蜜脾分蜜机。巢脾固定在贮蜜继箱内，一般采用塑料巢脾，无需切盖，加温后封盖蜡在离心作用下可自动破裂，脾内蜂蜜随即分离出来，每次可分离 500～600 个蜜脾，适于大型专业蜂场使用。

二、脱粉器

通过迫使回巢的采集蜂通过脱粉装置（脱粉板等）后才能进入蜂巢，后腿上花粉篮中的大部分花粉团被刮下来掉入集粉盒中，实现花粉收集的工具称为花粉截留器，又称脱粉器、花粉采集器，如图 3-10 所示。花粉截留器由外壳、脱粉板、落粉板、集粉盒等组成。脱粉板上的脱粉孔有方形、圆形、梅花形等多种形状。脱粉板上的脱粉孔为圆形，意蜂脱粉板孔径为 5.0～5.1mm。按照使用时放置的部位，截留器有箱底型与巢门型两大类型，目前使用较多的是巢门型。

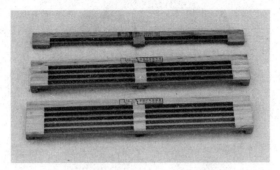

图 3-10　脱粉器（王瑞生 摄）

三、采胶器

采胶器是用木条制成的网栅状器具，其大小和平面隔王板一致，放在巢箱顶部，利用蜜蜂喜欢填补缝隙和加固蜂箱的特性，让蜜蜂在网栅间隙处填塞蜂胶，等蜂把网栅都填满后，就将网栅取下来刮去蜂胶，或者把网栅放到冷柜里，把蜂胶冻脆后敲打下来，然后再把取完蜂胶的网栅按原样放回到蜂箱里继续收集蜂胶。

四、王浆生产用具

1. 王台基

王台基就是人工制造的王台基，我国培育蜂王所用的王台基都是养蜂工自己制作的，即把蜂蜡加热熔化后用木制蘸蜡棒蘸蜡制成蜡台基，再把蜡台基粘在王浆框上。但蜡台基由于硬度等达不到要求，专门生产蜂王浆时多用塑料台基条。

2. 王浆框

王浆框（图 3-11）是用于安放台基条的架子，王浆框与巢脾大小一样，框里均匀横放着 5 根木条，每根木条绑上（或钉上）塑料台基条，每条一般都在 30 个台基以上，这样 1 个王浆框就有大约 150 个台基，这叫单排台基王浆框。而高产蜂王浆的养蜂场在每根木条上并排绑上 2 条塑料台基条，这样王浆框上就有约 300 个台基，这叫双排台基王浆框。王浆框有转动式和拆卸式两种，一般以拆卸式较为方便。

3. 移虫针

移虫针是一种把巢脾里的适龄幼虫移到台基里去的工具。

4. 取浆笔

取浆笔是挖取王台里王浆的工具，用竹片粘橡胶皮制成。

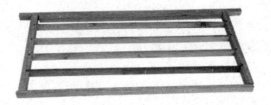

图 3-11 王浆框（王瑞生 摄）

5. 割台刀

割台刀是用于割去台基上蜂蜡加高部分的刀片，要求薄而锋利。

6. 刮台片

清理未被蜜蜂接受的台基里多余蜂蜡的工具。

7. 幼虫镊子

用于取出王台里面的幼虫，有弯头和直头两种，根据个人喜好而选用。

五、取毒器

生产中常用电刺激蜜蜂采取蜂毒，即电取毒法。

电取毒器主要构件是：木框架、栅状电网、尼龙布、玻璃板、电线、开关、电池盒等。木框架长 41cm、宽 27cm、高 1.2cm，玻璃长 40cm、宽 26cm、厚 0.4cm。尼龙布长 43cm、宽 29cm，电线长约 4m，开关一个，可装 20 节 1.5V 普通干电池的电池盒一只（串联）。栅状电网用 14 号或 16 号不锈钢丝制作，将两根钢丝拉直平装在木框上，相间距离为 6mm、呈平面排列，两根钢丝的一端分别接到电池箱的正负极上。当工蜂与任何两根钢丝同时接触时，电路即发生短路，工蜂受电刺激，开始进行蜇刺、排毒。

目前市面上电取毒设备有：JDO-Ⅰ型、Ⅱ型采毒器，QF-Ⅰ型蜜蜂电子自动取毒器，封闭式蜜蜂采毒器，巢门、巢底两用式电取蜂毒器，笼式电取蜂毒器。

第四节　放蜂专用设备

一、养蜂车

养蜂车是转地饲养蜂群的专用机动车。蜂箱常年置于车上，转地时机动灵活，可减少装卸工作量，且不受放置蜂群场地制约。有的还可提供养蜂人员的生活场所。

蜂群在养蜂车上排列较在放蜂场地紧密，为使蜜蜂不迷巢，在箱体上或巢门口涂以不同颜色，便于蜜蜂区别。

养蜂车有整车式与拖挂式两种。

（1）整车式养蜂车　车辆驾驶室后面的货厢四周有高而坚固的栏板，运输时栏板挡住叠起的蜂箱，到达场地后，栏板下翻由活动腿柱支撑，形成一个大平台，蜂箱散放于平台上。

（2）拖挂式养蜂车　车辆前端装有牵引杆，由汽车牵引，其有多种形式。

① 与整车式的货厢相仿　四周栏板可打开，形成一个放置蜂群的大平台。

② 拖车不大，离地低，车架下有车轮，可放 20 或 30 群蜂，蜂箱的巢箱固定在车架上。车架本身能伸缩，转地时车架收缩，蜂箱紧密排列：定地时车架伸出，蜂箱相对分散。

③ 可放 40 群蜂的放蜂车　无轮，车架由四根液压缸柱支撑。转地时汽车驱动液压缸，将车架顶至比运蜂卡车底板略高部位，然后卡车倒入，使卡车底板伸入放蜂车架的下面，再略下降放养车架，使之搁于卡车底板上。

④ 棚车型拖车　内有养蜂人员住宿部分与放蜂箱部分。车厢的容量可根据需要设计，车厢为木质结构，前后开门，内部两侧设有放蜂箱的托板。转运时蜂箱间用铁支架固定，到目的地后松开。两外侧厢壁上对应蜂箱设有放蜂用的巢门窗口，并附有能启闭的窗口板。两外侧厢壁的上部还开有若干个通气窗。车厢中间为工作道，可将蜂箱从两侧拉出，在工作道上检查蜂群。

二、蜂场叉车

用于蜂场或取蜜车间的叉车。在放蜂地点、取蜜车间装卸和运转地蜂箱、贮蜜继箱、饲料、蜜桶、蜂蜡等工作量大，为了提高工作效率，将待搬运物品码放在托盘上可使用蜂场叉车集装运输。蜂场叉车有两种：一种手推式叉车，在取蜜车间的平坦光滑地面上使用。电动机提供提升动力，行走由人手推，4 个行走胶轮前小后大，提升重量小。另一种是自行驱动叉车，本身有发动机或蓄电池组提供行走与提升动力，提升重可达 300～500kg。也可以用通用叉车代替。

第四章

蜂场选址及建设

第一节　蜂场选址

　　蜂场场址是否科学合理直接影响养蜂生产的经济效益。在选择养蜂场地时，首先要考虑有利于蜂群的发展和蜂产品的优质高产，同时，也要兼顾养蜂人员的生活条件。蜂场场址的选择必须通过现场勘察、了解当地的气候条件和疫病流行等情况，经过综合分析，才能最终决定。理想的蜂场场址，应具备蜜粉源丰富、交通方便、小气候适宜、水源良好、场地面积开阔、蜂群密度适当和人蜂安全等基本条件。同时还要注意生物、气候、水源、地形地物、农事活动、交通状况对蜂群的影响。

一、生物

　　蜂场周围必须有充足的蜜粉源植物，无蜜蜂天敌危害、流行蜂病发生和有毒蜜源。

　　（1）蜜粉源植物　蜜源植物是蜜蜂营养的主要来源，是蜂群赖以长期生存的基础，也是评价蜂场周围环境优劣的主要指标。蜂场周边3km以内，应在蜂群繁殖和生产季节有两种以上的主要蜜粉源，并且泌蜜、吐粉情况良好。为提高蜜蜂采集效率，蜂场离蜜源植物越近越好。要尽量避免在需要施用杀虫剂和农药的蜜源植物周边选址。在蜜蜂越冬期，零星的蜜源植物会诱使蜜蜂外出采集，刺激蜂王产卵，所以蜂群越冬期蜂场最好设在无蜜源的地方。

　　（2）蜜蜂天敌　蜂场应远离对蜜蜂有危害的兽类、鸟类、两栖类、昆虫类等动物，它们以侵袭性行为危及蜜蜂生存。例如黑熊盗取蜂蜜甚至会直接破坏蜂巢；黄喉貂常破坏蜂巢盗食蜂蜜；蜂虎会袭击婚飞的蜂王；蜘蛛常网捕途经的蜜蜂；青蛙、蟾蜍吞吃蜜蜂；胡蜂咬死或捕食蜜蜂；巢虫不但会引起"白头蛹"病，而且还会蛀食巢脾，导致蜂群飞逃。

（3）病原微生物　蜂场应建在干净卫生的环境中，因为有害微生物会给蜂群带来疾病，如幼虫芽孢杆菌会引起蜜蜂美洲幼虫腐臭病的发生，蜂囊菌孢子会使蜂群发生白垩病。因此，蜂场周围应无污水沟、粪坑和畜禽养殖场。

二、气候

气候是对蜜蜂影响最大的因素之一，直接影响蜜蜂的巢内生活、飞翔、排泄和采集等活动；间接影响蜜源植物的生长、开花、流蜜和散粉。蜂场场址选择要考虑温度、湿度、风速、日照等气象因素对蜂群的影响。养蜂场地最好选择地势高燥、背风向阳的地方，如山腰或近山麓南向坡地上，北面有高山屏障，南面是一片开阔地，阳光充足，中间布满稀疏的高大林木。这样的蜂场春天可防寒风侵袭，盛夏可免遭烈日暴晒，并且凉风习习，有利于蜂群的生产活动。

（1）温度　温度是影响蜜蜂生存与发展的最重要因素之一，蜂场的选址必须要考虑低温、高温可能对蜂群产生不利的影响。蜜蜂飞翔最适气温是 15～25℃；成年蜂生活最适气温是 20～25℃；蜂群育子最适巢温是 34.4℃。蜜蜂为维持正常巢温，当外界气温达到 28℃时，蜜蜂在巢门口扇风降温；外界气温达到 30℃时出勤减少；外界气温达到 40℃时蜜蜂停止出勤；气温低于 13℃时，工蜂出勤就可能被冻僵；所以，蜂场应选在遮阴、保温、避雨的地方。

（2）风　蜂场应避风。风大时蜜蜂出巢采集减少或停止采集；强风暴、台风会吹掉蜂箱的大盖，甚至把蜂箱推倒，毁坏蜜源。冷空气直吹的蜂群，蜂巢温度散失严重，不利蜂群正常生活和繁殖，特别是越冬期蜂群要注意避风。

（3）湿度　蜂场环境应具有适宜的湿度。蜂王产子、子脾发育和蜜蜂生活都需要一定的湿度，湿润的环境也有利蜜源植物的生长、开花和流蜜。但高湿不利于蜂蜜的成熟和白垩病的防治。

（4）日照　日照对蜜蜂出巢有很大影响，早晨能照到阳光的蜂群比下午才能照到的蜂群工蜂上午的出勤率约高 3 倍，在流蜜期，对提高蜜粉产量作用很大。另外，日照对蜜源植物及时达到开花期的有效积温具有十分重要的作用，长日照地区比短日照地区蜂蜜产量显著提高。但酷暑季节应注意遮阴防暑。

（5）雨水　蜂场场址的选择需考虑雨水对蜂群生活及蜜源的影响。在养蜂生产中，花期阴雨，蜜蜂无法外出采集，严重时会造成蜂群饲料不足，危及生存，甚至导致蜂群飞逃。雨水少，虽然对工蜂出勤有利，但不利于蜜源植物的生长和流蜜，也会造成蜂场歉收和蜂群饲料不足等问题。冬雪在北方有保温作用，而在长江以南地区由于雪过天晴，少数工蜂趋光出巢，常被冻死在外，对蜂群造成不利影响。

三、水源

蜂场应建立在常年有流水或有充足水源的地方，且水体水质良好。地表水源距蜂场要近，水量要充足。如果工蜂找不到水源，性情会变得非常暴躁，给蜂群管理带来不便。如果蜂场周围没有充足水源，应设置喂水装置。蜂场不可紧靠水库、湖泊、大河，因为蜜蜂回巢时，很容易被风刮到水里；蜂王交尾时也很容易落水溺亡。蜂场附近水源的水质应良好，无毒、无污染。

四、地势

蜂场地势要平坦、干燥，冬暖夏凉，周边无污染源。潮湿低洼地、山顶、谷口不利于蜜蜂繁殖和采集，还会导致蜂群生病，不宜选做养蜂场地。

（1）位置　在山区的蜂场宜坐落在山脚下的避风处。蜜源在山坡上对蜜蜂采集最为有利，这便于蜜蜂空腹登高而上，满载顺坡而下，降低了工蜂劳动强度，提高了工蜂的采集效率。我国东南沿海是典型的季风气候，冬天寒潮频繁，蜂场的正北、西北、东北方向最好有山，可阻挡北方寒流长驱直入，改善蜂场小气候，使其冬暖夏凉，有利于蜜蜂繁衍生息和粉蜜采收。初春蜂群应背风向阳，如果摆放在没有屏障的场所，寒流直吹蜂箱，会影响蜂巢温度，蜂群发展缓慢，上继箱的时间一般比放在避风向阳处的蜂群要晚一个星期左右。

（2）周边　蜂场周边应无畜禽养殖场、糖厂、农药厂、经常施用农药的农场和其他污染源。蜜粉源和蜂场之间不宜有大水面，以免蜜蜂落水。

五、大气

蜂场应远离化工厂、制药厂，周边应无有毒有害气体排放，远离硫氧化物、氟化物、酸雨等大气污染物。在自然界中，蜜蜂对有毒有害成分十分敏感，特别是对毒性较强的氯和氯化氢、氟化物、化学烟雾等反应强烈；废气中有毒物质可直接通过蜜蜂气门进入其体内，麻痹神经致使其中毒死亡。

六、农事活动

蜂场不应建立在经常施用农药的生产区域。避免农事活动对蜂群产生直接或间接影响，如施用农药、灯光、农田开垦等。

七、交通

为保证蜂群的转场和饲料、蜂产品的运输，蜂场场址的选择必须考虑交通因素，蜂场应和主公路相连，蜂场公路路面应晴雨无阻。在有水运条件的地方，要求机动船可达蜂场附近，水陆两便，进出自如，以便蜂群和蜂产品运输。转地饲养蜂场的临时场地，要求运蜂车能够直达。在考虑蜜粉源条件的同时，还应兼顾蜂场的交通条件。

第二节　蜂群选购与摆放

一、蜂群选购

绝大多数新建养蜂场都需要购买蜂群。蜜蜂品种及其对环境的适应性是影响蜂场经济效益的关键。在野生中蜂资源丰富的南方山区可以诱捕野生中蜂进行人工饲养。

1. 蜂种的选择

不同的蜂种具有各自不同的生产性能和生活特性，在选择蜂种前必须深入了解各种蜂种的特性，并根据当地的气候条件、蜜源植物的面积和数量、饲养管理技术水平和养蜂目的等因素进行选择。选择蜂种应从适应当地的自然条件和饲养管理条件等方面考虑，选择增殖能力强、经济性能好、容易饲养的蜂种。

目前，我国饲养的主要蜂种有中华蜜蜂、意大利蜂、卡尼鄂拉蜂、高加索蜂、东北黑蜂和金卡蜂等。如果当地为山区，只有一个主要蜜源，但四季零星蜜源丰富，冬季短，温暖潮湿，主要采用定地饲养，最好选择优良中蜂进行饲养；如以转地饲养为主，产蜜产浆并举，可选择意卡单交种或卡意单交种。购买蜂群前应先掌握不同蜂种的性能特征，调查蜂群疾病的流行情况，不要从疫病流行区域引种；另外，也可先进行试养，再选购较理想的蜂种。

另外，在选择中蜂时，要注意我国不同的地理亚种，地理亚种是在其生活区域长期繁衍进化而形成的，在其他地理环境下，不一定适应。如在高海拔生活的阿坝中蜂引到低海拔的高热高湿地区，其适应性和生产性能均有下降。

2. 选购蜂群的最佳时期

购买蜂群的最佳时期在蜂群增长阶段的初期，即在早春蜜粉源植物的初花期、越冬蜂已充分排泄后进行。此时，气温逐渐回升，百花盛开，蜜粉丰富，有利于蜂群的繁殖增长，当年即可投入生产。

其他季节也可以引进蜂种，但是蜂群买回后当年最好还有一个主要蜜源，这样即使不能取得商品蜜，至少可以保证蜂群有充足的饲料储备，有利于培育适龄越夏或越冬蜂。在南方越夏和北方越冬之前，蜜粉源花期都已结束，不宜购蜂。蜜蜂越夏或越冬需要做细致的准备工作，管理也有一定的难度，管理方法不得当，可能造成蜂群飞逃或死亡，此时购买蜂群除了增加饲养管理费用外，还存在失去蜂群的风险。

上半年购买蜂群较适宜的时期在 2～3 月，下半年宜在 8～9 月，在此季节购蜂有利于蜂群的快速增长。

3. 挑选蜂群

蜂群最好是从高产、稳产的蜂场购买。养蜂技术水平高的蜂场在生产中对蜂种特别重视，注意选育良种。初学者，不宜大量购进蜂群，一般以 10～30 群为好，随着养蜂技术的提高，再逐步扩大规模。

（1）优良蜂群　购买优良蜂群是提高养蜂效益的关键。优良蜂群的挑选应主要从蜂王、子脾、工蜂和巢脾等 4 个方面考察；蜂王应选年轻、胸宽、腹长、健壮、产卵力强的；子脾面积要大，封盖子整齐成片、无花子现象，没有幼虫病，小幼虫底部浆多，幼虫发育饱满、有光泽；工蜂应健康无病，蜂螨寄生率低，幼年蜂和青年蜂多，出勤积极，性情温驯，开箱时安静；巢脾要平整、完好，颜色以浅棕色为最好，雄蜂房要少。

（2）挑选方法　挑选蜂群应选择天气晴暖、蜜蜂能够正常巢外活动的时间，有利于箱外观察和开箱检查。首先在巢门前观察蜜蜂活动表现和巢前死蜂情况并进行初步判断，然后再开箱检查。

① 箱外观察　在蜜蜂出勤采集高峰时段，进行箱前巡视观察。进出巢的蜜蜂较多的蜂群，群势强盛；携粉归巢的外勤蜂比例大，则巢内卵虫多，蜂王产卵力强。健康正常蜂群巢前死蜂较少，基本没有蜜蜂在蜂箱前地面爬动。如果地面有较多瘦小甚至翅残的工蜂爬动，可能有螨虫危害；巢门前有体色暗淡、腹部膨大、行动迟缓的工蜂，或有较大量、较稀薄粪便，是蜜蜂患下痢病的症状和表现；巢门前有白色和黑色的幼虫僵尸，则可能患有蜜蜂白垩病。

② 开箱检查　开箱时工蜂安静、不惊慌乱爬，不激怒蜇人，说明蜂群性情温驯；蜂王体大、胸宽、腹长丰满，爬行稳健，全身密布绒毛且色泽鲜艳，产卵时腹部屈伸灵敏，动作迅速，提脾时安稳且产卵不停，表明蜂王质量好；卵虫整齐，幼虫饱满有光泽，小幼虫巢房底浆多，无花子、无烂虫现象说明幼虫发育健康；工蜂腹部较小，体色正常、不油亮，体表绒毛多而新鲜，则表明蜂群健康，年轻工蜂比例较大。

③ 群势要求　购蜂群势可参照当地正常蜂群群势，购蜂的季节不同，蜂群群势要求也不同。一般来说，早春蜂群的群势不宜少于 2 足框，夏、秋季应在 5 足框以上；在群势增长的季节还应有一定数量的子脾。如 5 脾蜂群，子脾应有 3～4 张，其中封盖子至少应占 50%；蜂王最好是当年培育的新王，至少是前一年春季培育的蜂王。

二、蜂群摆放

蜂群的排列与场地的大小和环境有关，原则上应考虑以下几个方面。

（1）以管理方便，蜜蜂易识别，流蜜期易合并，缺蜜期不易起盗为原则。摆放宜疏不宜密，应依据地形、地物尽可能分散排列，各群前后左右保持在 3m 以上；如果场地宽敞，各箱的距离可以稍疏散，使蜜蜂易于辨认；如果场地有限，也可较密排列 2～3 群为 1 组进行排列，组距 3～5m，但各箱必须间隔一定距离，并留出行人道方便管理，同时可在蜂箱前壁涂以黄、蓝、白、青等不同颜色或设置不同图案方便蜜蜂认巢。

（2）箱门以朝南、向阳为好，特别是越冬期和早春繁殖期。其次是朝东南，再次是朝东，西北方贼风易侵入箱内则不宜。

（3）避免摆放在人群密集地、交通要道、高速公路、铁路和夜晚有强光源的地方。

（4）避免摆放在受暴晒易升温的水泥地和岩石坡上，宜摆放在草坪或泥地上，最好摆放在树荫下。

（5）蜂箱底部应用砖、木架或石块垫起，以离地 30～40cm 为宜，以防蚂蚁、白蚁及蟾蜍等敌害。

（6）蜂箱左右保持水平，稍前倾，即后面比前面高 20～35mm，使雨水不能从巢门口流入，同时方便蜜蜂把箱内的脏物搬出，保持箱内清洁。箱内巢脾相互平行并垂直于地平面。

（7）蜂箱巢门前避免面对墙壁或篱笆，保证蜜蜂进出畅通。要及时清除箱前的杂草和垃圾、粪便等污染物。但在缺蜜季节，如果本群工蜂能找到巢门位置，可保留杂草，但杂草不宜太高。

（8）蜂群的巢门方向应尽可能错开，让各蜂群飞行路线错开。在山区可利用斜坡布置蜂群，使各蜂群的巢门方向、前后高低各不相同，如此较为理想。中西蜂蜂场在蜜源缺乏季节应相距 1000m 以上。

（9）新交尾群避免放在距离蜂场较近的地方，巢门应错开，以避免发生处女王婚飞迷巢现象。

第五章

蜜蜂的基础管理技术

第一节　蜂群的检查

　　检查蜂群的目的就是掌握蜂群生产及繁育情况。检查的主要项目有：蜂王产卵和存亡，卵、虫、封盖子脾的数量及比例，子脾的健康状况，雄蜂、工蜂数量，各龄蜂的比例，蜂脾关系，蜜蜂工作情况，巢内蜜、粉数量及病虫害等。蜂群检查的方法有：全面检查、局部检查和箱外观察。

一、全面检查

　　蜂群的全面检查就是对蜂群逐脾进行仔细认真地检查，以掌握蜂群内的全部情况，并针对发现的问题制定相应的管理措施。主要了解蜂王产卵情况、子脾数量、蜂脾关系、蜜粉储量、病敌害情况，分蜂季节还需了解是否有自然王台和分蜂征兆，流蜜期必须掌握采蜜、贮蜜及其成熟情况。

　　在进行全面或局部检查时都要开箱，开箱检查时须注意以下事项。

1. 做好准备工作

　　（1）准备起刮刀、蜂刷等用具和记录本。

　　（2）穿着浅色服装，戴上面网。

　　（3）春秋季节气温较低时，扎上袖口和裤腿，防止蜜蜂钻入衣内。

　　（4）避免身上有浓烈的酒、蒜、葱、香水等刺激性气味。

2. 检查方法

　　（1）检查人员需要从蜂箱侧面或后面走近蜂群，站在蜂群侧面，背向阳光，以便观察，切勿站在巢门前，影响蜜蜂进出。有风时，应背面对风。

（2）双手取下箱盖，翻转后放在地面上，用起刮刀轻轻撬动副盖，稍等片刻取下副盖和盖布，翻过来搭在蜂箱巢门前的底板上。

（3）轻轻推开或者取出隔板，再用起刮刀依次插入两框之间靠近框耳（巢框的握手）处，轻轻撬动，使粘连的巢脾松动，即可提出巢脾进行观察。如果箱内放满了巢脾，先提出第二个巢脾，临时靠在蜂箱旁边或放在一只空蜂箱内。提脾时，双手紧握巢框两端的框耳，将巢脾垂直地提出，注意不要与相邻的巢脾和箱壁碰撞，以免挤伤蜜蜂引起蜜蜂激怒，使提出巢脾的一面对着视线，与眼睛保持约 30cm 的距离。查看完一面需要看另一面时，先将巢框上梁垂直地竖起，以上梁为轴使巢脾向外转半个圈，然后再将提住框耳的双手放平，便可检查另一面。查看巢脾和翻转巢脾时，应使巢脾始终与地面保持垂直，防止巢脾里的稀蜜汁和花粉撒落。

全面检查时，巢脾应及时还回箱内，注意不要挤压死蜜蜂。检查完后，应调整好巢脾，摆好蜂路，再盖好箱盖，并将检查结果记入表内（见表5-1）。

表 5-1　蜂群检查记录表

场址：　　　　　　　　　　时间：　　　年　　月　　日

蜂群号	蜂王情况	蜂数（框）	巢脾和巢础(框)数							发现问题	工作事项	备注
			子脾		蜜脾	粉脾	空脾	巢础框	共计			
			卵、虫	蛹								

　　管理人：　　　　　　　　　　检查人：

二、蜂群的局部检查

蜂群的局部检查就是从蜂群中提出一个或几个巢脾进行观察，这是蜂检查最常用方法。只需要了解蜂群中某些特别情况时可采用此法。由于不是逐脾检查，在检查前要有明确目的。事先考虑好提什么部位的脾，以便有针对性地观察，做出准确的判断。局部检查的主要内容如下。

（1）明确存蜜情况　检查时查看边脾上有无存蜜，或隔板内侧第三个巢脾的上角部位有无封盖蜜即可。若有蜜，就表示贮蜜充足；反之，说明贮蜜不足，需要饲喂。

（2）蜂群是否失王　提巢箱中央的脾，看蜂王是否在巢脾上活动，若在提出的脾上未见蜂王，但巢房里有卵或小幼虫，说明该蜂王健在；如蜂王和一房多卵现象并存，这说明蜂王已经衰老或存在生理缺陷。若不见蜂王，又无各龄蜂子，却有工蜂在巢脾上或框顶上惊慌扇翅，表明蜂群已失王；若发现巢脾上的卵分布极不整齐，一个巢房里有几粒卵，而且东倒西歪，这说明失王已久，蜂群内有了产卵工蜂。

（3）蜂脾关系是否适合　蜂群是否需要加脾或者抽脾，主要看蜜蜂在巢内的分布密度和蜂王产卵力的强弱，通常抽查隔板内侧的第二个巢脾，就可作出判断。若蜜蜂在该巢脾上的附着面积达八九成以上，蜂王的产卵圈已扩展到边缘巢房，且边脾是蜜脾，就需要及早加脾；若该巢脾上蜜蜂稀疏，巢房里不见卵子，则应适当抽脾，紧缩蜂巢。

（4）蜂子发育状况　检查蜂子发育状况，一是要查看蜂群对幼虫饲喂情况，二是要查看有无幼虫病。检查时，应从蜂巢的偏中部位，提一两个巢脾进行观察。如果幼虫丰满、滋润、鲜亮，封盖子脾整齐，即发育正常；若幼虫干瘪，甚至变色、变形或出现异臭，整个子脾上的卵、虫、封盖子混杂，说明蜂子发育不良或患幼虫病。

三、蜂群的箱外观察

蜂群不宜经常开箱，平时多用箱外观察，特别是中蜂。检查的内容通常有以下几方面。

（1）明确存蜜情况　用手提起蜂箱，如感到沉重，则贮蜜足。反之，则有缺蜜的可能。如看到巢门前工蜂驱赶雄蜂或拖子现象，便证明蜂群已严重缺蜜。

（2）是否失王　在外界有蜜粉源的晴暖天气，如工蜂出入频繁，归巢时带回大量花粉，表示蜂王健在且产卵正常；如工蜂采集懈怠，无花粉带回，有的在巢门前来回爬行或轻轻扇翅，则有失王的嫌疑。

（3）群势强弱　在适宜蜜蜂出巢的天气，中午时段观察蜜蜂进出巢门情况，若巢门口熙熙攘攘，蜜蜂出入频繁，而到傍晚又有大量归巢的蜜蜂簇拥于巢门踏板上，便是强群。若巢门口显得冷冷清清，出入的蜜蜂明显少于其他蜂群，则为弱群。

（4）判断分蜂热　如白天大部分蜂群出勤很好，而个别蜂群很少有蜜蜂飞出，却簇拥在巢门口前形成"蜂胡子"，则是即将发生自然分蜂的预兆。

（5）判断盗蜂　当外界蜜源稀少时，如发现蜂群巢门前秩序紊乱，工蜂三三两两地厮杀在一起，地上出现不少腹部卷起的死蜂，就是遭致盗蜂袭击。有的弱群巢门前，虽不见工蜂抱团厮杀和死蜂的现象，但若发现出入的蜜蜂突然增多，进巢的蜜蜂腹部很小，而出巢的蜜蜂腹部膨胀，也可以认为是受了盗蜂的袭击。

（6）判断胡蜂袭击　在夏、秋两季，如发现蜂箱前方有大量伤亡的青、壮年蜂，其中有的无头、有的残翅或断足，表明该蜂群遭受大胡蜂袭击。

（7）判断蜂群患下痢病　如巢门前发现有蜜蜂体色特别深暗，腹部膨大，行动迟缓，飞翔困难，并在蜂箱周围排泄出稀薄而恶臭的粪便，就是患下痢病特征。

（8）判断农药中毒　箱底和箱外出现大量伸吻、钩腹的死蜂，有些死蜂后足上还带有花粉团；蜜蜂在蜂场周围追蜇人、畜，有的在空中作旋转飞翔或在地上翻滚，就可以初步断定蜜蜂中毒。

第二节 人工饲喂

人工饲喂是养殖蜜蜂最为常见的一种养殖方式，当自然界提供的饲料来源不足或气候条件不适宜时，可以通过人工饲喂的方式为蜂群提供食料。蜂群主要饲喂蜂蜜（糖浆）、花粉、水和无机盐等营养物质。

一、饲喂蜂蜜

1. 补助饲喂

补助饲喂是对缺蜜蜂群补充大量高浓度的蜂蜜或糖浆，使其能维持生活的一种饲喂方式。大部分地区每年冬季都达 3 个月以上，这期间每群需消耗蜜 7～15kg。若晚秋尚未采足越冬蜜，就必须在越冬期前抓紧进行补助饲喂，以保证安全越冬。在其他季节如遇到较长的缺蜜期或阴雨天，而平均每脾贮蜜不足 0.5kg 时，也必须进行补助饲喂。补饲时，用成熟蜜 2～3 份或优质白糖 1 份，兑水 1 份，以中火化开，待放凉后，装入饲喂器或空脾内，于傍晚时喂给。每次每群 0.5～2kg，连喂数次，直至补足为止，如连续 4 天未补足时须停 3 天再喂。对于弱群，用蜂蜜或糖浆饲喂，易引起盗蜂，须加入蜜脾予以补饲。若无准备好的蜜脾，可先补喂强群，然后再用强群的蜜脾补给弱群。

2. 奖励饲喂

奖励饲喂是为了刺激蜂王产卵，提高工蜂哺育幼虫积极性的一种饲喂方式。在春季、秋季，为了迅速壮大群势或人工育王时，必须进行奖饲；秋季奖饲，应于培育适龄越冬蜂阶段进行；人工育王时奖饲，应在组织好哺育群后就开始奖励饲喂，直到王台封盖为止。奖励饲喂时，用成熟蜜 2 份或白糖 1 份，加净水 1.2 份进行调制，每日每群喂给 0.5～1kg。次数以不影响蜂王产卵为原则。

为了促使蜜蜂采集不习惯采集的蜜源植物，也可奖励饲喂带授粉植物花香的蜂蜜或糖浆，在调制糖浆时加入用授粉植物花浸制的水即可。

饲喂蜜蜂的蜂蜜和白糖，一定要质量优良，切勿用来路不明的蜂蜜，以防蜂病传染。红糖、散包糖、饴糖、甘露蜜等不能用作越冬饲料。

二、饲喂花粉

花粉是蜜蜂生长发育不可缺少的营养物质，也是蜜蜂蛋白质的主要来源。哺育

1只蜜蜂至少需要120mg花粉，羽化后15～18日龄的蜜蜂都需要饲喂花粉；3～6日龄时需花粉量极大。1万只工蜂哺育期需1.2～1.5kg花粉；一个较强的蜂群，一年消耗花粉20～30kg。蜂群缺乏花粉时，新出房的幼蜂其舌腺、脂肪体和其他器官发育不健全，蜂王产卵量就会减少，甚至停产；幼蜂发育不良，甚至不能羽化；成年蜂也会早衰，泌蜡能力下降；蜂群的发展缓慢；因此，在蜂群繁殖期内，外界缺乏花粉时，必须及时补喂花粉或花粉代用品。

饲喂花粉最常用的方法是用蜜水或糖浆把花粉调制成糊状，放在蜂巢中央的框梁上供蜂食用，或者用蜂蜜把花粉调制成团状，直接抹在靠近蜂团的巢脾上或放在框梁上。

饲喂花粉最简便有效的方法就是将贮存的优质粉脾，喷上稀蜜水或糖浆，加入巢内供蜜蜂食用。若无贮备的粉脾，可用各种天然花粉盛于洁净的容器中，在花粉表面喷些蜜水或糖浆，然后放在蜂场适当的位置上，让蜜蜂自己去采集。因此，当粉源充足时，应在巢门安装脱粉器收集蜂粉团，干燥后妥善进行保管，当缺粉的季节，在按上述方法，补充饲喂给蜂群。若没有天然花粉，也可采用花粉代用饲料进行饲喂。

三、喂水

蜜蜂的各种新陈代谢都需要水，饲料营养成分的分解、吸收、运送及利用后剩下的废物排出体外，都需要依赖水的作用。此外，蜜蜂还用水来调节蜂巢内的温、湿度。蜂群繁殖期、早春时节，巢内有大量幼虫需要哺育时，一个中等群势的蜂群一天需要大约2000～2500mL水；幼虫越多，需水量越大。在夏天，蜜蜂到箱外采水来降低蜂箱内的温度。但在越冬期间，需水量就大大降低。在低温条件下，蜜蜂还会保持由于代谢作用形成的一部分水。

在早春和晚秋的繁殖期，由于幼虫数量多，需水量大，这时外界气温又较低，会有大量采水蜂会被冻饿而死。如果在不清洁的地方采水，还会感染疾病。因此，早春和晚秋，应不间断地为蜂群提供干净饮水。

喂水的方法：在早春和晚秋采用巢门喂水，即每个蜂群巢门前放一个盛清水的小瓶，用一根纱条或脱脂棉条，一端放在水里，一端放在巢门内，使蜜蜂在巢门前即可饮水。其他季节应在蜂场上设置公共饮水器，如木盆、瓦盆、瓷盆之类的器具盛上干净饮水，或在地面上挖个坑，坑内铺一层塑料薄膜，然后装上干净饮水，在水面放些细枯枝、薄木片等物品供蜜蜂附在上面饮水，以免蜜蜂落水淹死。蜂群转地时，为了给蜜蜂喂水，可用空脾灌上清水，放在蜂巢外侧；在长途运输途中，可用喷雾器向巢门喷水。干燥地区越冬的蜂群常因饲料蜜结晶而需要喂水。无论采取哪一种方法喂水，器具和水一定都要洁净。

在蜜蜂的生活中，还需要一定数量的无机盐，也可在喂水时，加入少量食盐进行饲喂。

第三节　蜂群的合并

蜂群合并的目的是提高蜂群的群势。遇到蜂群失王，又无蜂王及时补充，或者蜂群太弱不利于生产时就应及时合并蜂群。合并蜂群有直接合并和间接合并两种方法。

一、直接合并

直接合并主要适合于大流蜜期蜂群的合并。操作方法是：将其中一群蜂逐渐移至另一群蜂的一侧，提出其中一群蜂的巢脾放入另一群蜂巢脾的另一侧（合并时，要捉去蜂王），中间间隔一定距离，或用保温板暂时隔开，但工蜂可以相互往来。过1～2天，两群的气味混合后，抽出保温板，将两群的巢脾靠拢即可。也可将蜜水、酒或香水洒入箱内，让两群气味混合，再行合并，较为安全。

二、间接合并法

间接合并主要适用于非流蜜期的蜂群，或失王过久，或巢内老蜂多而子脾少的蜂群合并。中蜂应主要采用间接合并的方法，尽量避免使用直接合并。间接合并时，先在一个蜂群的巢箱上加一铁纱副盖和一个继箱，然后把另一群的蜂王捉掉，连蜂带脾提到继箱内，盖好箱盖，一两天后，拿去铁纱副盖，将继箱上的巢脾提入箱内，撤去继箱即可。

并群的原则：原则上是弱群并入强群，无王群并入有王群，劣王群并入优王群。若两群都有蜂王，必须先将准备并入的蜂群的蜂王捉走，产生失王情绪后，再进行合并。合并蜂群应在傍晚进行，合并前应将两群逐渐移至靠近的位置。工蜂已产卵的失王群，应先补入1～2脾子脾，过几天后再行合并。合并时可先用蜂王诱入器将蜂王保护起来，合并成功后才放出。失王群应先将急造王台除去之后，才能进行合并。

第四节　蜂群的移动

一、近距离移动

蜂群近距离移动通常是由于蜂群因生长发育或生产的需要而进行的蜂场内个别

蜂群位置的调整。由于蜜蜂有很强的识别本群位置的能力，如果将蜂群移到它们飞翔范围内的任何一个新位置，外出采集蜂仍会飞回原蜂群的位置。因此，移动蜂群应采取有效的方法，才能使蜂群适应新的地址。

（1）逐渐迁移法　此法适用于少量蜂群在 10～20m 距离内迁移。前后移动，每次可移动 1m 左右，两天移动一次；左右移动，每次只能移动 0.5m，每天移动 1 次。移动最好在每天的早晚进行。

（2）越冬期迁移法　适合于在较寒冷地区，当蜂群越冬结团，不外出飞翔，将蜂群移动到指定位置。如在春天飞出活动时移动，蜜蜂便会飞回原址。

（3）直接迁移法　一次将蜂群移到新址，打开全部通风装置，用干草或报纸将巢门堵住，让工蜂慢慢咬开，并在原址暂放几个弱群，收集飞回的老蜂。

（4）二次迁移法　先将蜂群迁离原场 5km 以外的新址，过渡饲养半个月后，再迁回原场，按要求布置。

二、远距离迁移法

远距离迁移也就是养蜂生产中俗称的"转地"。蜂群转地前，必须对新场地的蜜源、气候、蜂群放置的地方，进行详细的调查。一般中蜂的转地运输不宜超过一天。热天运输时，蜂箱内应有 1/4 到 1/3 的空隙，满箱的蜂群，应该分为两个蜂箱运输。不论采用什么运输工具，运输前一天，都要包装好蜂群。箱内每脾之间的蜂路可用蜂路条塞紧，或用木卡在巢脾两端卡紧，贴紧保温板，外侧用铁钉钉牢，箱盖和箱身之间也要绑牢，搬运时巢脾才不会移动，不会掉盖，傍晚蜜蜂回巢后关巢门，装车运输。

第五节　蜂王的诱入

蜂王的诱入是养蜂生产经常采用的一种措施。如淘汰老劣蜂王、组织新蜂群、组织交尾群、蜂群意外失王、人工授精或引进良种蜂王时都需要诱入蜂王。如处理不当，易发生工蜂围杀蜂王现象。诱入蜂王有直接诱入和间接诱入两种方法，也可采用王台直接诱入。

一、直接诱入

适用于蜜源植物大流蜜季节，无王群对外来产卵王容易接受，可直接诱入蜂群。具体做法是：给蜂王身上喷上少量蜜水，傍晚将蜂王轻轻放在巢脾的蜂路间，让其自行爬上巢脾；或将交尾群内已交配、产卵的蜂王，用直接合并蜂群的方法，连脾带蜂和蜂王直接与失王群合并。

二、间接诱入

间接诱入法比较安全，此法就是将诱入的蜂王暂时关进诱入器内，扣在有蜜处的巢脾上，经过一段时间再放出来。

三、王台的诱入

人工分蜂，组织交尾群或失王群，都可诱入成熟台，即人工将即将出房的王台诱入蜂群。诱入前，必须将蜂王提走 0.5 日以上，产生失王情绪后，1 日内再将成熟王台割下，用手指轻轻地压入巢脾的蜜、粉圈与子圈交界处，王台的尖端应保持朝下的垂直状态，紧贴巢脾。诱入后，如工蜂接受，就会加固和保护王台。第二天，处女王从王台出房，经过交配，产卵成功后，王台诱入完成。

四、注意事项

（1）无王群诱入蜂王前，要将巢内的急造王台全部毁除。

（2）更换老劣蜂王，要提前 0.5～1 日，将淘汰王从群内捉走，再诱入新王。

（3）强群诱入蜂王时，要先把蜂群迁离原址使部分老蜂从巢中分离出去后，再诱入蜂王，较为安全。

（4）缺乏蜜源时诱入蜂王，应提前 2～3 日用蜂蜜或糖浆喂蜂群。

（5）如蜂王受围，应立即解救。

（6）蜂王诱入后，不要频繁开箱，以免蜂王受惊而被围。

第六节　工蜂产卵的处理

当蜂群失王或者蜂王质量严重下降时，工蜂就会产卵，工蜂产的卵，很不规则，常一个巢房内产几粒卵，且有的产在房底，有的在房壁。由于工蜂产的卵是未受精卵，如不及时处理，将全部发育成为雄蜂。

出现工蜂产卵的蜂群应立即把工蜂所产的卵虫、巢脾从群内提出，用正常的卵、虫脾换入，毁掉所有的急造王台，诱入一个成熟王台。如果失王过久，蜂群较弱，可将蜂群拆散，搬去蜂箱，分别合并到其他蜂群；蜂群较强则必须去掉产卵的工蜂，可在傍晚时于原箱位置放一空箱，然后，把原群蜂移到 50～100m 处，轻抖蜂群让采集蜂回原蜂箱，产卵工蜂会回到原来的脾上，需及时处死，将工蜂产卵的子脾抽出，用糖水灌脾，再放到强群清理。有封盖的雄蜂子脾，用割蜜刀剔除。第二天一早调入卵、虫、蜜脾。

中蜂最容易产生工蜂产卵，应特别注意，及时给失王群诱入蜂王或成熟王台。

第七节　人工分蜂

人工分蜂是根据生产或者蜂群生长发育的需要，用培育好的产卵蜂王、成熟王台或者储备蜂王以及一部分带蜂子脾和蜜脾组成新蜂群的一种方法。人工分蜂能按计划、在最适宜的时期繁殖培育新蜂群。人工分蜂主要有以下几种方法。

一、均等分蜂

均等分蜂是把一群蜂平均分为两群。在离当地主要蜜源植物流蜜期 45 日以上时，可以采用这种方法，两群都能在大流蜜期到来时发展强壮。

方法：把原群蜂箱向一旁移出 30～40cm，在另一旁 30～40cm 处放一空蜂箱，把蜂群里的一半蜜蜂和巢脾连同蜂王放入空箱内，整理好两箱的蜂巢。经过半天左右，给无王群诱入 1 只产卵王。飞翔蜂返巢时，会分别飞入这两箱内。如果其中一箱飞入的蜜蜂较少，可将它向原址移近些。均等分蜂的缺点是使 1 个强群突然变成了 2 个弱群，它们需要经过 1 个多月的增殖才能投入生产。对于分出的新群不宜诱入王台，因为新蜂王要经过 10 余天才能产卵，这样就不能充分利用新分群的哺育力，影响蜂群的发展。如果新蜂王婚飞时丢失，则损失更大。

二、不均等分蜂

不均等分蜂是从一群蜜蜂中分出一部分蜜蜂和子脾，分成一强一弱两群，适用于发生分蜂热的蜂群。

方法：从蜂群提出 2～3 框封盖子脾 1 框蜜粉脾，连同老蜂王，放入一新蜂箱。放置在离原群较远的地方。巢门用青草轻轻地堵上，让蜜蜂慢慢咬开。检查原群，选留 1 个质量好的王台，其余王台全部割除，或者诱入人工培育的王台或产卵王。如果离大流蜜期时间较长，可用封盖子脾把分出群逐步补强；否则，以后只能将分群与原群合并，才能进行采集。

三、混合分蜂

混合分群是从几个蜂群中各提出一两框带幼蜂的封盖子脾，混合组成 3～6 框的分蜂群的一种方法。

方法：当蜂群发展到 10 框蜂 6～8 框子脾时，每隔 6～7 日从这样的蜂群提出 1 框带蜂封盖子脾，混合组成新分群，次日给分蜂群诱入产卵蜂王或者成熟王台。距大流蜜期 15 日左右，停止从 10 框群提脾，以便它们在大流蜜期开始时，能发展成 15～18 框蜂的强群。

四、补强交尾群

交尾群的新蜂王产卵以后，可以每隔一星期从强群提出一框封盖子脾放入交尾群，起初补带幼蜂的封盖子脾，以后补不带蜂的封盖子脾，逐步把它补成具有 6 框蜂以上、能迅速发展的蜂群。

五、蜂群的快速繁殖

蜂群的快速繁殖就是采取大量分蜂的方法，将一群越冬群快速繁育成 5～6 群蜂的一种方法。有的新建蜂场，为了迅速增加蜂群数量，也可采取快速繁殖蜂群的方法。具体做法如下。

将全场蜂群分为 3 群一组，其中 1 群为繁殖群用来分蜂，另两群为补助群。春季，蜂群发展到有 9～10 框蜂、6～8 框子脾时，开始用补助群的封盖子脾补助繁殖群。从每一补助群提出 1 框封盖子脾，放入一空蜂箱内，盖好箱盖，缩小巢门。经过 2h 左右，大部分飞翔蜂已飞回本群，此时把 2 框带幼虫的封盖子脾分别加入繁殖群的两外侧，或者继箱内的一侧。次日，再把这 2 个封盖子脾移到蜜脾旁，与其他子脾靠拢。过 6～8 日再用 2 个补助群的两框不带蜂封盖子脾补给繁殖群。经过 2 次补助，繁殖群得到 2000～2500 只蜂和 4 框封盖子脾，迅速发展强壮，积累起过剩的哺育蜂，促使它们发生分蜂热、造王台，同时也可开始人工育王。每次从补助群提出封盖子脾时，同时给它们补充空脾或者巢础框。在繁殖群内出现有卵的王台时，把它的蜂王用安全诱入器扣在没有王台的子脾上，放入一新蜂箱内；从补助群提来一框带蜂子脾，一框不带蜂子脾，加入此新蜂箱；另补加一两个蜜脾，再把它搬到新地址，妥善保温，缩小巢门，饲喂稀蜜汁；3 日后释放蜂王，以后逐步扩大蜂巢。

将繁殖群的蜂王提出以后，经过一星期，所造的王台已经封盖，这时在它两侧放 2 个新蜂箱，将蜜蜂、子脾和蜜粉脾平均分配给这 3 箱。如储蜜不足，则补加蜜脾。每箱只留 1 个王台，其余的全部割除。然后，把旧箱搬放到一个新地址，使飞翔蜂平均分配到留下的两个新蜂箱内。分蜂群的新蜂王产卵后，补加空脾或巢础框扩大蜂巢。

3 次从补助群提出蜜蜂和子脾以后，及时扩大其蜂巢，把它们培养强壮，投入生产。这样在第一次人工分蜂后，使蜂群增加了 1 倍，由 3 群分成 2 个强群和 4 个弱群。

分蜂群发展满 10 框标准箱时，再按上述方法，把它的蜂王和 1 框子脾提出来，再由补助群提来 1 框带蜂封盖子脾，1 框不带蜂封盖子脾，组成 1 个分群，放在一个新地点。按均等分蜂法，把已提出蜂王的无王群平均分成 2 箱。在以后 6 日内，逐渐把两箱移开，每天移开 25cm。

第二次分蜂后的第 6 日，再把每个半群平均分开。在这个新分群中，给每一分群保留 1 个王台，其余的全部割除。任何一个分群的蜂王在婚飞时损失了，就将它与邻群合并。

六、分蜂后的注意事项

新分群的群势一般都比较弱，它们调节巢温、哺育蜂子、采集蜜粉和保卫蜂巢的能力比较差。因此，天冷时要注意保温；天热时要遮荫；缺乏蜜源时，巢内要保持充足的饲料，并且缩小巢门，注意防止盗蜂。根据蜂群的发展和蜜源条件，添加巢脾或巢础框扩大蜂巢，补加蜜粉脾或者进行奖励饲喂。

大量人工分蜂，最好在距离原场 5km 以外的地方建立分场，可以避免分出群的蜜蜂飞返原巢和发生盗蜂。

第八节　分蜂热的解除

预防和解除分蜂热是蜜蜂饲养的关键技术之一。蜂群一旦发生自然分蜂，不仅强群变为弱群，影响生产，而且还特别容易引起自然分蜂飞逃。

预防分蜂的主要措施：及时用优质年轻蜂王更换老劣蜂王；扩大蜂巢，加强通风，让蜂王有产卵的余地，避免巢内蜜蜂拥挤；幼蜂大量积累的蜂群，如果尚未进入流蜜期，应适当调出部分封盖子脾，再调入卵、幼虫脾，以增加工蜂的饲喂负担，创造采集条件；进入分蜂季节，应即时割除王台。

产生分蜂热主要表现是：巢内出现大量的雄蜂，工蜂积极筑造王台，部分王台内已有受精卵或幼虫，蜂王的产卵量明显下降，腹部逐渐变小，工蜂出勤率降低、消极怠工，巢脾下方和巢门前工蜂连成串，形成"蜂胡子"等。

对已产生分蜂热的蜂群，要因势利导，让蜂群提前分蜂，然后，再从其他蜂群抽调一部分青年蜂组成采蜜群。

第九节　盗蜂的预防

盗蜂主要是指工蜂串到别的蜂群内盗窃蜂蜜的行为。盗蜂是在外界蜜源缺乏或因管理不当引起蜜蜂的一种特殊采集活动，一般发生在相邻蜂群之间。有时两个相邻的蜂场，由于饲养的蜂种不同，或群势相差悬殊，也会发生一个蜂场的工蜂盗另一蜂场的蜂群贮蜜的盗蜂现象。在一个蜂场内，如果多数蜂群起盗，称为全场起盗。盗蜂首先攻击的是防卫能力差的弱群、病群、失王群和交尾群。

一、盗蜂的危害

蜂场一旦发生盗蜂，轻则被盗群的贮蜜被盗空，重则大批工蜂斗杀死亡，蜂王遭围杀，从而导致全群毁灭。如果全场起盗，损失更加惨重。盗蜂也会传播疾病，引起疾病蔓延。因此，防止盗蜂，是蜂群管理中最重要的环节之一。

二、盗蜂的主要特点

盗蜂多为老蜂，体表绒毛较少，油亮而呈黑色，飞翔时躲躲闪闪，神态慌张，飞至被盗群前，不敢大胆面对守卫蜂，当被守卫蜂抓住时，试图挣脱，进巢前腹部较小，出巢时腹部膨大，吃足了蜜，飞行较慢。作盗群出工早，收工晚。

如果巢门前有三三两两的工蜂抱团撕咬，一些工蜂被咬死或肢体残缺，就是发生了盗蜂。

在被盗蜂群的巢门前，撒上一些白色的滑石粉或面粉，观察带白粉的工蜂的去向，即可以找到作盗群。

三、盗蜂的预防

（1）选择蜜源丰富的场地，坚持常年养强群，是预防盗蜂的关键。

（2）蜜源尾期，合并弱群和无王群，紧缩蜂巢，留足饲料，缩小巢门，填补蜂箱缝隙。

（3）断蜜期，应尽量不在白天开箱检查，不给蜂群饲喂气味浓的蜂蜜。

（4）蜂巢、蜂蜡和蜂蜜切勿放在室外，不要把蜂蜜抖落在蜂场内。

（5）中蜂和西蜂不能同场饲养，西蜂场应远离中蜂场。

四、盗蜂的制止

一旦出现盗蜂，应立即缩小被盗蜂群的巢门（大小只容一两只蜂同时出入），并在巢门前放上卫生球或涂些煤油等驱避剂。如还不能制止，就必须找到作盗群，关闭其巢门，捉走蜂王，造成其不安而失去盗性。或将被盗蜂群迁至 5km 之外，在原处放一空箱，让盗蜂无蜜可盗，空腹而归，失去盗性。如果已经全场起盗，则应果断搬迁场址，将蜂群迁至有蜜源的地方，盗蜂自然消失。

第十节　巢脾的筑造与保存

造脾是养蜂生产中的一个重要环节，必须充分利用时机，多造新脾、备足巢脾。满足养蜂生产的需要，特别是中蜂喜欢新脾，每年必须更新巢脾。

一、巢础的选择

巢础是供蜜蜂筑造巢脾的基础，工蜂在此基础上，分泌蜂蜡，把房眼加筑而成巢脾。选择巢础的基本要求：巢础的房眼必须按工蜂房大小标准制成，必须保证房眼的整齐度与准确性，房眼大小一致；要用纯净的蜂蜡制成；巢础的韧性要大，不延伸变形。

二、巢础的安装

安装巢础首先要穿好拉紧铅丝（24 号），将铅丝穿在巢框的侧条中，均匀地将巢框分为四等分，然后拉紧。接着将巢础放在平整的巢础板上，将上好线的巢框压于巢础上，立即用埋线器顺铅丝将铅丝压入巢础中。巢础与上梁接线处，应无缝隙，并用熔蜡粘接严密即可。

三、造脾技术

（1）造脾的条件　造脾必须在外界蜜源植物大流蜜、有新鲜的花蜜和花粉采进蜂巢，有大量青年工蜂分泌蜂蜡时进行；另外，泌蜡也与蜂王产卵力有关，蜂王产卵旺盛，群内青年工蜂多、群势强，泌蜡造脾的能力就越强。无王群、处女王群不宜造脾。造脾也与巢内空间有关，在大流蜜期，巢内蜂多脾少，无空巢房供蜂王产卵和贮蜜，也会逼迫工蜂造脾。刚分出的自然分蜂群，工蜂泌蜡造脾的积极性较高，造脾速度也快。

（2）加入巢础框　一般情况下，一群一次加入一个巢础框，加在蜜蜂、粉脾与子脾之间，蜂路完全靠拢，以免中间空间太大，所造巢脾不整齐和造赘脾。造好一张脾后，根据天气、蜜源、蜂群情况，再决定是否加第二张脾。

四、巢脾的保存

从蜂群中抽出的巢脾，极易受潮生霉，或遭受老鼠和巢虫危害，并易引起盗蜂的骚扰。因此，必须妥善保存。

巢脾收存前，首先让工蜂吸净巢房内的存蜜，刮净巢框上的蜡瘤、粪便，挑出其上的少量幼虫和封盖子。然后，进行熏蒸消毒，再密闭存放在不易受老鼠和巢虫侵入的蜂箱或其他密闭容器内。存放巢脾的蜂箱或其他容器附近不能有农药、化肥和煤油等有毒有害物质。

熏蒸巢脾一般用二硫化碳和硫黄粉。二硫化碳是一种无色、透明、略带特殊气味的液体，相对密度为 1.263，常温下极易气化、易燃，使用时避免接近火源，并防止被人吸入中毒。熏蒸时，盛二硫化碳的容器应放在最高一层继箱内，可以叠加6个继箱。放药前，应把蜂箱的一切缝隙用纸条或塑料薄膜封严。放药后，马上盖好箱盖，并糊严箱盖的缝隙。熏蒸的蜂箱不应放在人的居住处、畜棚的上风处，操作的人应站在熏蒸蜂箱的上风处。所用二硫化碳的量，按每立方米 30mL 计算，每个继箱大致用 1.5mL。

用硫黄粉熏蒸：可在一个空巢箱上加 5 个继箱，除第一个继箱只放 6 张巢脾外，其余继箱均可放满。第一个继箱的 6 张巢脾沿两边排列，中间空出，以免熏蒸时引起巢脾熔化起火。在底箱中放一瓦片，加上烧着的木炭，撒上硫黄粉后即可。硫黄燃烧产生二氧化硫气体，可达到杀虫消毒的目的。硫黄粉的用量，按每立方米用 50g，每个继箱用 2.5g。

熏蒸过的巢脾应密封保存。使用前，应先放在通风处，待药味完全消失，用清水浸泡晾干之后，才能加入蜂群内。病蜂用过的巢脾，熏蒸后，将脾浸泡在生石灰水或千分之一的福尔马林溶液中，消毒杀菌后，才能使用。

第六章

蜂群不同时期的管理技术

气候变化直接影响蜜蜂的发育和蜂群的生活，同时又通过对蜜粉源植物影响间接地作用于蜂群活动和群势消长。随着一年四季气候周期性的变化，蜜粉源植物的花期和蜂群的内部状况也呈现出一定的周期性。根据蜂群所处的地理环境条件、消长规律和不同季节进行相应的管理，称为不同时期管理。

全国各地的养蜂自然条件千变万化，即使同一地区，每年的气候和蜜粉源条件以及蜂群状况也不尽相同。因此，学习不同时期管理要掌握基本的原理，在养蜂生产实践中，根据具体的情况分析，制定相应的管理方案，切不可死搬教条，墨守成规。

第一节 早春繁殖技术

春季，气候转暖，蜜源植物逐渐开花流蜜，是蜂群繁殖的主要季节，只有抓住时机，才能保证蜂群越冬后尽快地恢复繁育，迅速培养成为强群。早春是一年当中蜂群群势最弱阶段，蜂群越冬结束进入春繁期，这是蜂群管理中最重要、最复杂的一个阶段，特别是早春气温不稳定，如果管理措施得当，就会加速蜂群的繁殖和发展，反之，则会延缓蜂群的发展时间，耽误蜂群繁殖，甚至使蜜蜂患病。

春季蜂群的发展，不仅要依靠产卵力强盛的蜂王。还须具备下列条件：适当的群势、充足的蜜粉饲料、数量足够的供蜂王产卵的巢脾、良好的保温防湿条件、无病虫害等。

一、观察出巢表现

越冬后的蜜蜂，在早春温暖的晴天会出巢排泄腹中积粪，在蜂箱和蜂场上空绕飞。越冬顺利的蜂群，飞翔特别有劲。蜂群越强、飞出的蜜蜂越多。如果出现肚子膨大、肿胀，爬在巢门前排粪等现象，表明越冬饲料不良或受潮湿的影响；有的蜂群，蜜蜂出箱迟缓，飞翔蜂少，而且飞得无精打采，表明群势弱，蜂数较少；个别群出现工蜂在巢门前乱爬，秩序混乱，说明已经失王；如果从巢门拖出大量蜡屑，则有受鼠害之疑。

发现上述异常现象，应开箱检查，针对问题及时补救。

二、蜂群快速检查

为了解蜂群越冬后的饲料消耗情况、失王情况、蜂群死亡情况等，开春后，选择晴暖无风、温度达到13℃以上的晴天中午对蜂群进行一次快速的全面检查。查明经过越冬的群势（强、中、弱）、现存饲料情况（多、够、少、缺）、蜂王在否、箱内环境（湿度、温度）、有无病害等。检查时，动作要快，发现问题及时补救。

三、清理箱底

在良好的越冬条件下，死蜂不多，一般不过几十只。如果越冬不顺利，箱底会堆积很多发霉的死蜂，产生恶臭，极易发生传染病害。检查后，应结合清理箱底，收拾蜂尸、残蜡和除湿，让蜂群在清洁的环境中进入繁殖期。

四、加强保温

早春繁殖期间，保温工作十分重要，具体应做到下列几点。

（1）密集群势　早春繁殖应尽量抽出多余空脾、保持蜂脾相称，保证蜂巢中心温度达到35℃左右，有利于蜂王产卵和蜂儿正常发育。随着蜂群的发展，逐渐加入巢脾，供蜂王产卵。

（2）双群同箱　强群采用双群同箱繁殖，具体做法见后一节。

（3）蜂巢分区　在蜂巢里，蜂王产卵和蜂儿发育，需在35℃的条件下进行，称为"暖区"。而贮存饲料和工蜂栖息，对温度条件要求不太高，称为"冷区"。早春，把子脾限制在蜂巢中心的几个巢脾内，便于蜂王产卵和蜂儿发育。边脾供工蜂栖息和贮存饲料，也可起到保温作用。

（4）预防潮湿　潮湿的箱体或保温物，都易导热，不利保温。因此，早春场地应选择在高燥、向阳的地方。当气温较高的晴天，应晒箱，翻晒保温物。

（5）调节蜂路和巢门　气温较低时，应缩小蜂路和巢门。夜间，巢门有时可关闭。

（6）糊严箱缝　防止冷空气侵入。

（7）慎重撤包装　随着蜂群的壮大，气温逐渐升高，慎重稳妥地逐渐撤除包装和保温物。

五、奖励饲喂

当蜂王开始产卵，尽管外界有一定蜜粉源植物开花流蜜，也应每天用稀糖浆（糖和水比为1：3）在傍晚喂蜂，刺激蜂王产卵，糖浆中可加入少量食盐和适量的药物，预防幼虫病发生。

六、扩大蜂巢

早春蜂王产卵，多先集中在巢脾朝巢门一端，当这一端产满之后，应"调头"，让蜂王产满整张巢脾；当整张巢脾的幼虫封盖后，先将1张空脾加在蜜、粉脾内侧（第二张），1天之后，当工蜂已清理好巢房，脾温也升高之后，再加入巢中央"暖区"供蜂王产卵；当第一代子全部出房，巢内工蜂已度过更新期，全部由新蜂代替越冬的老蜂，而一个完整的封盖子脾全羽化出房后，可以爬满3张脾，这时蜂群内的蜜蜂较为密集，应及时加入1~2张空脾，供蜂王产卵。几天之后，蜂王已产满空脾，幼虫已孵化，再加入1张空脾，此时，巢内的蜂脾关系为脾略多于蜂，即巢内工蜂密度较稀。约7天之后，由于幼蜂不断羽化出房，脾上的蜜蜂又逐渐密集起来，再加入1~2张巢脾。这样，蜂群就会很快地壮大起来。

在早春繁殖时期，强群发展较快，但弱群往往出现蜂王仅在巢脾中央的不大面积内产卵，而产卵圈周围被粉房包围，这就是"粉压子圈"现象。出现这种情况，蜂群发展十分缓慢。除应加强保温，让巢中心温度达到35℃之外，还应在蜂王所产卵的巢脾外侧，加入空脾，让蜂王尽快爬出粉圈到外面巢脾产卵，才能加快弱群的发展。

早春繁殖的中期，南方油菜已开始进入盛花期，蚕豆也大量吐粉，更新过后的新工蜂采集十分勤奋，出现工蜂贮蜜、粉与蜂王产卵争巢房的现象，也就是"蜜（粉）压子圈"现象，应视天气状况，在连续晴朗的日子，可将蜂蜜摇出，扩大产卵圈。

早春添加的繁殖用的巢脾，最好是育过虫的暗色巢脾，经过消毒后，加入蜂巢，蜂王容易接受、产卵快，保温性能也较好，早春如果加脾得当，蜂群内掌握好"两密两稀"的蜂脾关系，1脾越冬蜂可发展成为10脾以上，到油菜花中期时，较强的蜂群，便可以上继箱生产蜂蜜和蜂王浆。

七、强弱互补

早春气温低，弱群因保温和哺育能力差，产卵圈的扩大很有限，宜将弱群的卵、幼虫脾抽给强群哺育，再给弱群补入空脾，供蜂王继续产卵。这样，既能发挥弱群蜂王的产卵力，也能充分利用强群的保温能力。待强群幼蜂羽化出房，群内蜜蜂密集时，可抽老封盖子脾或幼蜂多的脾，补入弱群，使弱群转弱为强。

八、治螨

早春当蜂王开始产卵之后，尚未封盖前，应抓紧时机，彻底治一次蜂螨，保证蜂群健康发展。

九、喂水

早春，正值干季，箱内湿度偏低，往往会出现幼虫脱水现象，导致发育不良。因此，应视箱内湿度情况，适当喷入部分稀盐水，既可调节湿度，也可供工蜂饮用。

第二节　双王群的管理技术

一、饲养双王群的好处

双王群里，利用两只蜂王产卵，蜂群发展迅速，容易形成强群；因群内蜂王信息素浓度高，容易维持大群；同时，也有利于人工分群、更换蜂王、培育越冬蜂和安全越冬。但双王群在管理上工序较多、较费工。

二、双王群的组织方法

1. 双群同箱

首先使两个小群同箱，即用双层铁纱隔板（隔板中央有一个 15cm×25cm 的孔洞，双面钉上铁纱）将 10 标准箱分隔为左右两室，两室内各放一小群。纱窗便于互通群味，有利于加继箱时工蜂汇成一个大群体。然后，当蜂群发展到满箱时，加上继箱。继箱与巢箱之间加平面隔王板。加继箱时，分别从左右两室各提出两张有边角蜜的带封盖子的子脾，放在继箱中间，两侧加隔板。继箱内其余空间，用工蜂脾补上。双王群就算正式组成。

2. 利用交尾群

用闸板将 10 框标准箱隔成 4 室，巢门开四方，然后每室放一交尾群。待处女王交尾并产卵后，提出两个产卵王，撤去左右两边的闸板，只留中央闸板。两侧群内各留一只产卵王。按双群同箱的方法，组织双王群。如蜂量不足，可从他群内调入封盖子脾补充。

3. 平分单王群

将单王群用铁纱隔板（纱窗先用牛皮纸蒙上）均分为二，一天后给无王区诱入一只产卵王，成功后再撤去牛皮纸，让群味相通。蜂量满箱后，再加继箱。

4. 两群靠拢法

将两个蜂量和蜂王产卵力相近的蜂群靠拢，紧挨在一起，并在同一水平面上。将隔王板加在中间（跨左右两箱），再把继箱加在隔王板上，两箱两侧加特制的箱盖。这样的双王群可合可分，便于转地。

5. 垂直双王群

将巢箱和第一继箱都加闸板，两块闸板同在一个垂直面上，上下相接，不留空隙，防止蜂王互通。流蜜季节，在第一继箱上加上隔王板，上面再加上第二继箱。管理时，两个巢箱上下换位即可，不必开箱调脾，管理起来较方便。

三、双王群的管理

首先应随时保证巢箱左右两个育虫区内有足够的空脾产卵和有充足的饲料。因此，每4～5日应检查一次，把育虫区内封盖子提入继箱，补充空脾入育虫区，并补足饲料。

流蜜期开始后，及时加继箱。继箱内放7～10个空脾或加入部分巢础框。第一继箱内贮蜜达80%时，再加第二继箱，仍然加在隔王板上。待第一继箱内大部分蜜脾即将封盖时，应及时取蜜，然后与第二继箱调换位置。

如果蜂量不足，就不必加第二个继箱。

秋季，开始培育适龄越冬蜂时，可将双王群分成两个单王群，以便培育更多的适龄越冬蜂。

第三节　流蜜期蜂群的管理技术

流蜜期是养蜂生产的黄金季节，利用蜜蜂在较短的蜜源植物开花期可采集和贮存大量食物的生物学特性，能否组织强大的采集群投入采集，是养蜂生产成败的关键。

一、流蜜期前的管理

管理重点是培育适龄采集蜂、组织采蜜群、预防分蜂热、建造新脾等。

1. 培育采集蜂和内勤蜂

一般情况下，12日龄以上的工蜂才会外出采集花蜜和花粉。除了有大量的采集蜂，还应有大量的内勤蜂。因此，在大流蜜前40～45日，就应该着手培育采集蜂和内勤蜂。管理上应采取有利于蜂王产卵和提高蜂群哺育率的措施，如调整蜂脾关系、适时扩大蜂巢、奖励饲喂、治螨防病等。如果蜂群基础较差，应组织双王群，提高蜂群发展的速度。

2. 组织采集群

强群才能高产，要有意识地组织采集群，一般情况，将群势较强的蜂群作为采集群，群势相对弱的蜂群作为辅助群。在开始流蜜前30日，可从辅助群里提出1～2张虫、卵脾补给采蜜群，半月之后，幼蜂羽化出房，到采蜜期便可投入采集。调补子脾应分期分批进行，做到群内采集蜂和哺育蜂的比例相称。如距离开始流蜜只有20日左右，就应该从辅助群里抽调封盖子脾到采蜜群，5～6日就可羽化出房。如果流蜜期即将开始，抽封盖子脾补给采蜜群都为时已晚，可先将辅助群的蜂箱向采蜜群靠拢，流蜜期开始，再把辅助群的蜂箱搬走，让外勤蜂进入采蜜群，加强采集力。必要时，也可以将辅助群合并入强群。

3. 解决好繁殖与采蜜间的矛盾

在流蜜期里，如果采蜜群内幼虫太多，大量的哺育工作会降低蜂群的采集和酿蜜的力量，从而降低产量。因此，应在流蜜前6～7日，开始限制蜂王产卵，保证蜂群进入流蜜期后，哺育蜂儿的工作减少，集中力量投入采集和酿蜜；流蜜期结束之前，应恢复蜂王产卵，以免群势下降。主要方法是用框式隔王板将蜂王控制在巢箱内的一定区域内（内放封盖子脾和蜜、粉脾）。流蜜期结束前，撤去隔王板即可。

4. 多造脾、造好脾

流蜜期前，蜂群里积累了大量的幼蜂，泌蜡能力强，是造脾的大好时机。因此，应及时加巢础框，多造脾、造好脾，供流蜜期贮蜜之用，也可预防分蜂热。

二、流蜜期的管理

在主要流蜜期里，蜂群管理的原则是给蜂群创造最好的生产活动条件，提高蜂群的采集能力和酿蜜强度，以实现蜂产品高产。

1. 诱导采蜜

主要蜜源开始流蜜时，从最先开始采蜜的蜂群里，取出新蜜，喂给尚未开始采集的蜂群，通过食物传递，使全场蜂群投入采集，增加产量。

2. 扩大蜂巢

在主要流蜜期扩大蜂巢，给蜂群增加贮蜜空间，保证蜂群有足够的酿蜜和贮蜜空间，这是高产的关键措施。

（1）扩大蜂巢的时间　应在流蜜期开始前几天，之后根据进蜜情况而定。如果流蜜量不大，一群蜂每天进蜜 1.5～2kg，加一个继箱便够使用 6～8 日，蜜便储存满了。如每群一天进 2.5～3kg，一个继箱只够使用 4 天，应接着加第二个继箱。若每天进蜜 5kg，一个继箱只能使用一天多，应一次加 2～3 个继箱。

（2）加继箱位置　通常加在巢箱上面，第二个继箱如果为空脾，可以加在最上面；如果装有部分巢础，均应加在育虫箱上面。此外，应及时加入巢础框造脾，可以加入已造一半的巢脾，效果最好。

三、加强通风

酿造 1kg 蜂蜜，要蒸发 2kg 水。因此，为了尽快把蜂箱内的水分排出去，应扩大巢门，揭去覆布，只盖纱盖，打开通风窗，放开蜂路。夏天应注意遮荫防晒。

四、适时取蜜

当继箱内的蜜脾已经封盖，或只有少部分蜜房未封盖时，即可取蜜。取蜜一定要取成熟蜜。

饲养继箱群，取蜜时间最好安排在傍晚，如果取小群的蜜，则应在清早为好。取蜜要慎重，前期和大流蜜期，可以每 7 日左右取一次，并取出蜂群全部的蜜；后期应抽取，就是取蜜时要留部分蜜脾，保证蜜蜂生活的需要。如遇雨季天气变化大，也应该抽取。

五、生产优质蜜的方法

优质蜂蜜应保持所采蜜源天然的色、香、味，必须是天然成熟蜜，并且不得混有蜡屑、蜜蜂肢体和其他杂质，蔗糖含量和水分符合国家蜂蜜标准。生产优质蜜的方法如下。

（1）清除杂蜜　每一个花期取第一次蜜时，一般混有前一花期的蜜，应在流蜜 4～5 日之后，进行一次全面清脾，取出杂蜜，保证生产纯度较高的单一花种蜂蜜。

（2）使用新脾　新空脾可避免旧蜜和杂花蜜残留，因此，使用新脾能保证蜂蜜的新鲜度。

（3）取成熟蜜　优质蜂蜜的含水量应在 18% 左右，最多不超过 20%，要达到这一标准应该取封盖蜜。

（4）强群生产　强群不仅产量高，同时也因群强，酿制蜂蜜的能力强、速度快、易成熟，所以强群也能促进生产优质蜂蜜生产。

（5）及时过滤　取蜜时应及时进行过滤，避免蜡屑和气泡混入。取出的蜜应放在专用蜜桶内。装好后，最好不要翻桶。

第四节 分蜂期的管理技术

自然分蜂是蜜蜂群体繁殖的形式。饲养管理得当、处理及时，自然分蜂可以得到较好的预防和控制。

一、"分蜂热"的征兆

春、夏蜜蜂繁殖时期，大批幼蜂相继出房，巢内哺育蜂相对过剩，工蜂在巢内拥挤，巢温增高；巢脾上空房少，无处贮蜜和产卵，工蜂怠工，常在巢脾下方或巢门前互相挂吊成串，形成所谓"蜂胡子"。巢内雄蜂羽化出房，蜂王停产，出现自然王台，这便是即将出现自然分蜂的征兆。

二、控制自然分蜂的方法

控制分蜂热应从管理入手，尽量给蜂王创造产卵的条件，增加哺育蜂的工作负担，调动工蜂采蜜、育虫的积极性。

（1）疏散幼蜂　流蜜季节，如已出现自然王台，在中午幼蜂出巢试飞时，迅速将蜂箱移开，提出有王台和雄蜂较多的巢脾，割去雄蜂房房盖，杀死幼虫，放入未出现自然分蜂热的群内去修补。在原箱位置放一个弱群，幼蜂飞入弱群后，再将各箱移回原位，既增强了弱群的群势，也可消除"分蜂热"。

（2）抽调封盖子脾　西蜂发展到 12 脾，中蜂发展到 8 脾以上，封盖子脾达到 5～6 脾时，不等发生分蜂热，就分批每次抽调 1～2 脾封盖子脾，连同幼蜂一起加入弱群，或人工分群，同时加空脾，供蜂王产卵。

（3）连续生产蜂王浆　连续地加入王浆框，生产蜂王浆，充分利用工蜂的哺育能力，也可控制分蜂热。

（4）勤割雄蜂房　除选为种用父群外，应尽量将群内的雄蜂房割除，放入未产生分蜂热的蜂群内去修补。

（5）适时取蜜　当蜜压子圈时，应及时摇取蜂蜜，扩大蜂王产卵圈，增加工蜂的哺育工作量。

（6）进行人为自然分蜂　流蜜期前，如个别蜂群产生较为严重的分蜂热，可先把子脾放在没有发生分蜂热的蜂群中去，再加入巢础框或空脾，把工蜂和蜂王抖在巢门前，让它们自己爬入箱内，做一次人为自然分蜂。

（7）抽蛹脾，加虫、卵脾　将产生分蜂热蜂群内的封盖蛹与弱群里的虫、卵脾进行交换，增加工蜂的哺育工作量，也可迅速将弱群补强。

（8）捕回分蜂群　流蜜刚开始，由于管理不善，有的蜂群已发生自然分蜂，飞出到蜂场附近结团，应及时捕回。方法是：把原群搬开，箱内放 1～2 个蜜粉脾和 1～2 张子脾，诱入一个成熟王台或一只处女王，或一只新蜂王，组成新群。收回的蜂团放入一个空箱内，箱内放 1～2 张幼虫脾或一个巢础框架，组成另一个新群。

（9）早育王，早分蜂　蜂群已经产生分蜂热，王台已经封盖，如坚持破坏王台，只是拖延分蜂时间。王台破坏后，工蜂立刻会再造，造成工蜂长期消极怠工，蜂王长期停产，不利于蜂群发展，影响蜂产品的产量。因此，应及早培育蜂王，加速繁殖，尽快加强群势，有计划地尽早进行人工分蜂。

（10）选育良种，早换王　应采用人工育王的方法，选择场内分蜂性弱，能维持强群的蜂群作为父、母群，培育良种蜂王，及时换去老劣蜂王。新蜂王产卵力强不易发生分蜂热，因此，每年至少应换一次蜂王，常年保持群内是新王，便能维持大群，控制分蜂热。

第五节　越夏期的管理技术

夏季正值高温酷暑，气温多在 35℃ 左右，定点养蜂场周边缺乏大量的蜜粉源，而且蜜蜂的病、敌害多，是蜜蜂生活最困难的时期。如管理不当，会产生"秋衰"现象，影响下半年生产和第二年的蜂群发展。

一、越夏前的准备工作

夏季来临前，应利用春季蜜源，培育新王、进行换王，留足饲料，并调整全场蜂群的群势，使各群的群势保持基本一致（中蜂 3～5 框，西蜂 8～10 框），因群势太强，消耗越大，不利越夏。

二、越夏期的管理要点

越夏期首先保证群内有充足的饲料，除补足饲料外，可利用山区山高林密、立体气候、蜜源开花流蜜时间差等特点，转地至半山或气候温和、有蜜源的地方饲养；在炎夏烈日之下，应特别注意把场地选择在树荫之下，注意遮荫和喂水。

夏季，蜜蜂的敌害（胡蜂、蜻蜓、蟾蜍、茄天蛾）较多，蜂螨、巢虫繁殖很快，应特别注意防治；农作物也常施用农药，应防止农药中毒。

为了降低群内温度，应注意加强蜂群通风，可去掉覆布，打开气窗，放大巢门，扩大蜂路，应做到脾多于蜂。

管理上应注意少开箱检查，预防盗蜂的发生。

第六节　秋季蜂群的管理技术

"一年之计在于秋"是养蜂业的一大特点。因此，秋季的蜂群管理至关重要，直接影响着第二年蜂群的发展和蜂产品的质量。除应生产较多的蜂蜜外，还应做好育王、换王，培育适龄越冬蜂的工作。

一、育王、换王

7～9月，五倍子等秋季蜜粉源植物开花流蜜，且蜜、粉均丰富，培育出的蜂王质量好。因此，应抓住这一时机，培育一批优质蜂王，换去老劣蜂，以秋王越冬，产卵力强，有利于早春繁殖及蜂群加快繁殖速度。

二、培育好适龄越冬蜂

适龄越冬蜂，是指在越冬期限培育出来的，没有参加过采集和哺育的健壮工蜂。培育适龄越冬工蜂的时间，要根据当地的蜜源和气候条件而定。

蜜、粉源条件是培育适龄越冬蜂的物质基础，应充分利用当地的最后一个蜜源，着手进行培育，用新王产卵。注意蜂箱的防湿、保温，特别是加强夜间保温，抽出多余空脾，紧缩蜂巢，做到蜂脾相称。如饲料不足，应及时补充饲喂，防止盗蜂，缩小蜂路。尽量保持一定群势，培育羽化一批新蜂，进入越冬期。

三、冻蜂停产，彻底治螨

当气温下降，蜂王产卵量减少，应利用寒潮，扩大蜂路，撤去保温物，让蜂王停产。待封盖子全部羽化出房，割去中央巢脾少量的刚封盖的工蜂房盖，将脾换出。用硫黄烟熏，彻底熏杀脾上的蜂螨，换上消过毒的蜂脾，然后再进行越冬包装。

四、补足越冬饲养

越冬饲料的质量和数量，直接影响蜜蜂的安全过冬。尤其是秋季流蜜属于灾年的年份，巢内贮蜜很少，因此，越冬包装之前，采用灌脾的方法，将优质蜂蜜或浓糖浆（糖与水之比为1∶1）灌在巢脾上，供蜜蜂越冬消耗。劣质蜂蜜或糖浆，切勿喂入，否则蜜蜂因下痢而提前死亡。

第七节　越冬蜂的管理技术

冬季白天气温低于 $10\sim12℃$ 时，蜜蜂就停止飞翔。如不保温，弱群在外界气温 $12℃$ 时，开始结成蜂团，强群大约在 $7℃$ 时，才结成蜂团。越冬管理的主要目标在于延长工蜂寿命，降低死亡率，减少饲料消耗。保存蜂群实力非常重要，管理不善，会导致越冬失败，给翌年春季繁殖增加困难。越冬有室内越冬和室外越冬两种方式。

一、越冬前的准备工作

不管以哪种方式越冬，越冬前都必须做好充分准备，越冬才能取得成功。如越冬饲料不足的，必须在越冬前喂足，并要防止盗蜂发生。过弱的蜂群要合并，老劣的蜂王应淘汰。蜂群的位置调整也应在越冬前进行。这些工作应在蜂群越冬前完成。

二、室外越冬的蜂群管理

（1）选好越冬场地　越冬期分前期、中期和后期。前期应放在没有任何蜜粉源、地势高燥、场地背风和半阴半阳的落叶树下。中期、后期应放在高燥、背风、向阳、安静的场所。越冬期蜂群都不应放在全阴的地方。

（2）因群制宜做好保温　越冬前期，群内不必保温。越冬中期，根据群势强弱，依次进行轻保温，群势 1.5kg 以下的先保温，1.5kg 以上的后保温，长江以南地区，巢内塞些草把，但不要塞满，不管群势强弱，都不做外保温。东北等严寒地区，要做外保温，一般不做内保温，仅在弱群箱内塞满保温物，以防外围工蜂冻死。

（3）调节蜂脾关系　越冬前期，为减少蜜蜂活动，以蜂少于脾为好，但要严防盗蜂乘虚而入。中后期随着气温下降，要保持蜂脾相称。在低温的早晨，开箱检查，把无蜂栖息的边脾取出。

（4）严防蜜蜂饿冻致死　越冬中后期，南方蜂场应逐箱查看，观察有无封盖蜜，以防蜜蜂饿死。一般不应抽脾检查，以减少震动，造成耗蜜和骚乱。下雪天巢门前要挡上草帘，防止工蜂趋光出巢而被冻僵。

三、室内越冬的蜂群管理

室内越冬在暗室中进行，暗室要保持黑暗，也能通风，未放过农药等有毒物品，室内地面干净。子脾出完后，治过蜂螨，调整好蜂巢，关闭巢门，将蜂群于傍晚慢慢搬进室内，巢门朝墙壁摆放，每排 3～4 层，暗室大的中间可背靠背摆放 2 排，留出通道，一般每立方米空间放 1 箱左右。等蜂群安静后，将巢门打开。入室后在巢门板上放一条浸过清水的海绵或脱脂棉，入室后 3～4 日，进行第一次放蜂。早上搬回原位，检查囚王笼的位置，保证其在蜂球正中，以免冻死蜂王，下午搬回暗室。第二次放蜂在第一次放蜂后的 1～2 周进行，需要治螨的可摆放 2 日。第二次放蜂后直到出室可不再放蜂。

第七章

蜜蜂病虫害防控技术

第一节　蜜蜂疾病防控综述

在蜜蜂病害防治上，应贯彻"预防为主，治疗为辅"的原则。蜜蜂是一种躯体较小的昆虫，免疫功能不如高等动物健全，很容易感染疾病，并且一旦染病，患病个体就很难治愈。养蜂生产时间性很强，如果蜜蜂出现病害，错过蜜源，就会给蜂产品生产带来无法弥补的损失。因此应以坚持预防为主，治疗为辅，综合防治和重点防治相结合，防治用药应确保蜂产品安全为原则。同时结合抗病育种，提高蜂群的抗病力；严格进行蜂场、蜂机具与饲料消毒，加强饲养管理，积极开展药物防治等工作。

1. 科学用药

蜜蜂疾病防治应科学用药，严格遵循休药期，选对合理的施药途径，严格按照规定用药，做好用药记录，同时应遵循以下原则。

（1）遵守法律法规　《中华人民共和国畜牧法》（2015年修正）第四十一条要求养殖场对兽药等投入品的来源、名称、使用对象、时间和用量建立档案；第四十八条规定养蜂生产者在生产过程中，不得使用危害蜂产品质量安全的药品和容器，确保蜂产品质量。养蜂器具应当符合国家技术规范的强制性要求。《NY/T 5030—2016 无公害农产品兽药使用准则》要求养蜂者对蜜蜂疾病进行诊断后，选择一种合适的药物，避免重复用药。

（2）注重蜜蜂福利，建立疾病防控档案　掌握必要的养蜂知识、保证蜜蜂生长生产繁育的营养需求，制定科学合理的疾病预防和疾病控制措施，记录蜜蜂疾病防治和蜂场消毒使用药物的名称、厂家、使用方法及使用效果等。

（3）分区净化病原，做好病群隔离工作　养蜂者在日常管理中应注意净化蜂场的传染性病原体，依靠蜜蜂不断进化的自身防御系统来抵抗病原菌，做好带病区与健康区的规划，减少疾病扩散，精准治疗发病群，杜绝感染健康群。

（4）以加强饲养管理为主，药物使用为辅　药物防治本应作为蜂病防治的最后一道屏障，但常被养蜂者提前使用或滥用，致使蜜蜂病原体产生耐药性，增加蜜蜂疾病的控制难度，甚至造成蜂产品药物残留。

2.作好蜂场消毒工作

消毒是用物理或化学方法消灭不同传播媒介物上的病原体、切断传播途径、阻止和控制传染发生的一种疾病防控方法。其目的是防止病原体播散，抑制疾病流行发生，防止发生交叉感染，可以有效地减少和预防蜂病的发生。消毒方法有物理消毒法和化学消毒方法，根据蜂病情况选择合适的消毒方法，或结合多种消毒方法以达到更好的杀菌效果。

（1）物理消毒法

① 机械消毒　一般用肥皂、洗涤剂刷洗，流水冲净，可消除蜂具绝大部分细菌。

② 热力消毒　包括火烧，煮沸，流动蒸汽、干热灭菌等。能使病原体蛋白凝固变性，失去正常代谢机能。

③ 辐射消毒　在养蜂生产中常用的是日光暴晒，依靠紫外线杀菌。

（2）化学消毒　使用化学药物消毒，参见表7-1。

表 7-1　化学消毒药物及使用方法

名称	有效成分	常用浓度及作用时间	作用范围	使用方法
84消毒液	NaClO	0.4%作用10min用于细菌污染物 5%作用90min用于病毒污染物	细菌、芽孢、病毒、真菌	蜂箱、蜂具、蜂衣洗涤,巢脾浸泡,金属物品洗涤时间不宜过长
漂白粉	$Ca(ClO)_2$	5%～10%作用0.5～2h	细菌、芽孢、病毒、真菌	蜂箱洗涤,巢脾、蜂具浸泡1～2h,金属蜂具洗涤时间不宜过
食用碱	Na_2CO_3	3%～5%水溶液作用0.5～2h,	细菌、病毒、真菌	蜂箱洗涤,巢脾(2h),蜂具、衣物浸泡0.5～1h,越冬室、仓库墙壁、地面喷洒
生石灰	CaO	10%～20%水溶液的上清液	细菌、芽孢、病毒、真菌	10%～20%水溶液粉刷越冬室、工作室、仓库墙壁、地面。现配消石灰粉,撒布蜂场地面
食盐	NaCl	36%水溶液作用4h以上	细菌、真菌、孢子虫、阿米巴虫、巢虫	蜂箱、巢脾、蜂具浸泡4h以上

名称	有效成分	常用浓度及作用时间	作用范围	使用方法
冰醋酸	CH_3COOH	80%～98%熏蒸1～5日	蜂蜡、孢子虫、阿米巴虫、蜡螟的幼虫和卵	每个蜂箱用80%～98%冰醋酸10～20mL,洒在布条上,每个欲消毒巢脾的继箱挂一片将箱体叠好,密封好缝隙,盖好箱盖熏蒸24h,气温低18℃,应延长熏蒸时间至3～5日
福尔马林	CH_2O	2%～4%水溶液或原液熏蒸12h以上	细菌、芽孢、病毒、孢子虫、阿米巴虫	2%～4%福尔马林水溶液喷洒越冬室、工作室、仓库、墙壁、地面。原液熏蒸时,可加入高锰酸钾,密闭12h。室内消毒(每立方米):30mL福尔马林、30mL水、18g高锰酸钾(注意:人不能直接对着出气口或漏气口,易中毒)
硫黄	S	粉剂熏蒸24h以上,2～5g/蜂箱,半月左右重复一次	蜂螨、螟蛾、巢虫、真菌、细菌、病毒	使用时,将燃烧的木炭放入容器内,立即将硫黄撒在木炭上,密闭蜂箱,熏蒸12h以上(注意:人不能直接对着出气口或漏气口,易中毒)

特别注意:1.根据消毒药的类型与本蜂场的常见病、多发病选择消毒药。

2.无论使用何种化学消毒剂,以浸泡和洗涤形式处理的,消毒过后用清水将药品洗涤干净,巢脾用分蜜机摇出巢中水分;熏蒸消毒过的蜂具等,应在流通空气中放置72h以上。

3.巢脾上如有花粉等存在,其消毒的浸泡时间,可视药品作用时间而适当延长,以达到彻底消毒的目的。

不论是物理消毒还是化学消毒,都要对消毒物的表面进行清洁,因为污物在很大程度上会影响消毒效果。因此,在条件允许的情况下,尽量将污物清除干净后再进行消毒,并且保证消毒剂的接触面要尽量大,做到充分彻底、不留死角。

第二节　蜜蜂疾病的防治技术

蜜蜂疾病从病原微生物来分类,包括细菌病、真菌病、病毒病、原生物病。常见的疾病防治方法参考如下。

一、细菌病

1. 美洲幼虫腐臭病

美洲幼虫腐臭病简称美幼病,是由幼虫芽孢杆菌引起的蜜蜂幼虫和蛹的一种细菌性急性、毁灭性传染病。发病蜂群主要表现为封盖子成花子、房盖下陷穿孔、大幼虫和蛹死亡等。

美洲幼虫腐臭病对中蜂没有威胁,主要感染西蜂。一个感染的西蜂幼虫体内可产生10亿多个芽孢,其芽孢能诱发其他幼虫发生疾病,受芽孢杆菌污染的饲料、巢脾和花粉均可传染此病原。诊断可从蜂群中抽取封盖子脾1～2张,仔细观察。

若发现子脾表面呈现潮湿、油光，并有穿孔时，则可进一步从穿孔蜂房中挑出幼虫尸体进行观察。若发现幼虫尸体呈浅褐色或咖啡色，并具有黏性时，即可确定为美洲幼虫腐臭病。

蜂群一旦患病，需要隔离病群，严格消毒换箱，同时病群治病期间严禁生产蜂产品。防治可选用磺胺类药物进行饲喂或喷脾，如以每千克糖浆（糖水比为1∶1）加入1g的磺胺噻唑钠，调匀后喂蜂。饲喂四环素0.125g/10框蜂，配制到花粉中饲喂。含药花粉配制，将熬好的糖浆冷却后，碾碎四环素成粉末状，将四环素加入到糖浆中，搅匀溶解完全，再加入已消毒完全的花粉，调成直至不粘手为止，饲喂量依群势大小而定，一次饲喂以不超过2日为宜。依据病情2～4日饲喂一次，7日为一疗程。此外，可尝试应用抗菌中药。配方一：金银花20g，板蓝根12g，大青叶15g，黄芩15g，滑石20g，栀子12g，茯苓10g，连翘12g，蒲公英15g，甘草6g，煎水，熬成后与白糖配成糖浆，饲喂3～5群蜂。配方二：金银花20g，海金沙15g，半枝莲15g、当归10g，甘草20g，煎水熬成后与白糖配成糖浆饲喂3～5群蜂。

2. 欧洲幼虫腐臭病

欧洲幼虫腐臭病是蜜蜂幼虫中的恶性细菌性消化道传染病，其致病菌以蜂房蜜蜂球菌为主，其他细菌(如蜂房芽孢杆菌、尤瑞狄斯杆菌、粪肠球菌等)为辅，共同感染致病，加速患病幼虫的死亡。蜂房蜜蜂球菌主要感染1～2日龄的蜜蜂幼虫，3～5日龄时发病大量死亡。部分死亡幼虫紧缩于巢房底部，虫体变松软并腐烂，尸体具有酸臭味但无黏性，尸体颜色由苍白色渐渐变为黄色，最后变成棕色甚至是棕褐色，环纹模糊或消失，出现空房与子房相间的"插花子脾"现象，如图7-1所示。该病多发生于春秋两季，秋季病情较轻，夏季少发；传播迅速、发病快是欧洲幼虫腐臭病的主要特点。《一、二、三类动物疫病病种名录》将欧洲幼虫腐臭病等蜜蜂病定为二类疫病，世界动物卫生组织(OIE)将欧洲幼虫腐臭病等蜜蜂病定为B类法定报告疾病。疾病发生与饲养管理技术水平、遗传因素、天气状况等因素有关。

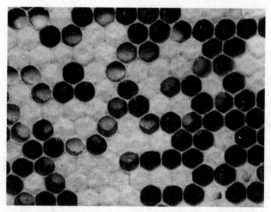

图7-1　中蜂欧洲幼虫腐臭病（曹兰　摄）

欧洲幼虫腐臭病的防治方法：

（1）蜂群患病后应隔离病群，进行消毒换箱，病群退出生产。

（2）要保持环境卫生，定期对蜂场及周边环境进行消毒并适时更换巢脾。

（3）饲养强群，保证蜂王健康，保持蜂群饲料充足，提高蜂群的繁殖能力和内勤蜂的清巢能力，以增强蜂群抗病能力，减少重复感染的机会。

（4）选育抗病品系，提高蜂群对欧洲幼虫腐臭病抵抗能力。

（5）掌握欧洲幼虫腐臭病的病原和流行规律，对其进行定期检测，采取"以防为主，防治结合"的蜜蜂病虫害防控措施。

（6）药物防治

中草药方一：穿心莲、蒲公英各 5g，金银花 3g，甘草 1g，用水煎 20min、煎 3 次后，混合兑成 50％糖液，视蜂量多少每群 300～500mL，3d 喂 1 次，3 次为 1 个疗程。

中草药方二：黄连 20g，黄柏 20g，茯苓 20g，大黄 15g，金不换 20g，穿心莲 30g，银花 30g，雪胆 30g，青黛 20g，桂圆 30g，五加皮 20g，麦芽 30g，加水 2500mL，煎熬半小时滤渣，取药液加入 3kg 糖浆（1∶1），可喂 80 脾蜂，每 3 日喂 1 次，4 次为 1 个疗程。

抗生素：土霉素（0.125mg/10 框蜂）或四环素（0.1mg/10 框蜂）。配制成含药花粉饼或抗生素饴糖饲喂，重病群可连喂 3 次，轻病群 7 日喂一次。

3. 蜜蜂螺原体病

蜜蜂螺原体病是一种威胁成年蜂的病害，该病暴发性强，传染性强。病蜂腹部膨大，行动迟缓，不能飞翔，在蜂箱周围爬行，中肠变白肿胀，环纹消失，后肠积满绿色水样粪便。成蜂约感病 7 天后死亡。此病原易与孢子虫、麻痹病病毒等混合，造成病蜂群死蜂遍地，群势急剧下降。

防治时应做好消毒工作，空气不畅通、高温高湿是诱因，春季对蜂群保温并通风良好，防止巢内湿度过大，秋季对巢脾和蜂具进行消毒等加强饲养管理。可用 1.5g 柠檬酸∶1.5kg 糖水，补充蛋白质增强蜂群抵抗力。中药参考配方：黄连 5g、山乌龟 20g、虎杖 15g、甘草 6g，加 5～10 片复合维生素，调匀喂蜂。每剂可喂 10～15 群蜂，隔日 1 次，连续喂 4～5 次。

4. 蜜蜂败血病

蜜蜂败血病是由蜜蜂败血杆菌引起的一种成年蜂细菌病。染病初期表现烦躁不安、拒食、无力飞翔、在箱外爬行、振翅、最后抽搐、痉挛而死；病死的蜜蜂变色、变软，腐烂至肢解。诊断可取病蜂数只，摘取胸部，剖开观察其血淋巴呈浓稠状、乳白色，有多形态杆菌，且革兰染色阴性，可判定该病。此病易发生在春末夏初多雨季节，传染源多为污水坑和沼泽地，此外潮湿、劣质饲料等不良因素也是该病诱因。

防治时要从选择合适的放蜂环境开始，作好消毒，保持箱内干燥、提供清洁水源等措施都能预防该病。土霉素 10 万 IU/kg 糖浆，4～5 日/次，3～4 次/疗程。

5. 蜜蜂副伤寒病

蜜蜂副伤寒是由蜜蜂副伤寒杆菌引起的西方蜜蜂成年蜂病害，也叫下痢病。患病蜜蜂腹部膨大，行动迟缓、虚弱、不能飞翔、有时肢节麻痹、下痢。土霉素等抗生素对蜜蜂副伤寒有很好的防治作用。

配方一：半枝莲、鸭环草、地锦草各 25g，银花 15g，板草根 50g，一枝黄花 75g。

配方二：穿心莲 50g，如意花根 25g，一枝黄花 15g。

以上两个配方只需取其中的一个，用水煎后，兑糖浆（1∶1）500g，可喂 10～20 框蜂用于治疗；兑糖浆（1∶1）1000g 喂 20～40 框蜂用于预防。（配方摘自《中国养蜂》，郑大红，2005）

二、病毒病

1. 蜜蜂囊状幼虫病

蜜蜂囊状幼虫病是由一种蜜蜂囊状幼虫病病毒引起的病毒病，西方蜜蜂对该病抵抗力较强，中蜂对该病抵抗力较弱，容易感染发病，在该病大面积流行时，中蜂几乎遭到毁灭性打击。该病是中蜂的主要病害之一。

可根据临床症状和流行特点进行综合诊断。幼虫感染后一般在 5～6 日龄时死亡，呈尖头状，刚死的发病幼虫通常表现表皮完好，内容物化腐为液体，挑起呈囊状，故名囊状幼虫病。

预防措施：

（1）作好消毒工作　蜂场、越冬室、工作室保持清洁，可用 5% 漂白粉溶液或 10%～20% 石灰乳定期进行喷洒消毒，春、秋季至少各消毒 1 次，潮湿的场地可直接撒石灰。蜂尸及其他污物要烧毁或深埋。蜂箱和蜂具也要严格消毒，蜂箱在刮净、洗净蜂胶、蜂蜡后，可用灼烧法消毒，其他蜂具可洗净后日晒消毒，也可用福尔马林熏蒸消毒，还可用 5% 漂白粉液浸泡 12h 或用 4% 福尔马林浸泡 12h 后，取出用具用分蜜机摇出药液，再用清水漂洗数次，最后摇出水分，晾干备用。一些可以煮沸的衣物及小型蜂具可煮沸消毒 1～2h。

（2）抗病选种　用发病蜂场中抗病力强的蜂群来培育蜂王和雄蜂，并采取措施将病群雄蜂杀死。经连续几代选育就可增强蜂群对该病的抵抗力。

（3）加强管理　春季气温较低时，应适当合并弱群，做到蜂多于脾，以保温并提高蜂群的清巢能力。对发病蜂群可通过换王或幽闭蜂王的方法控制群内幼虫数量，人为地造成一个断子时期，以利工蜂清扫巢房，减少幼虫重复带毒感染的机会。

（4）加强蜂群营养　发病季节应留足蜂群的饲料，对于饲料不足的蜂群，必须进行人工补喂，特别应注意蛋白质饲料及多种维生素的饲喂。

（5）隔离处理　严格执行检疫制度，病蜂群禁止流动，严防病原扩散。发现患病蜂群时应迅速将其移到离蜂场 1～2km 以外的地方，进行精准治疗和消毒。

（6）药物治疗

① 盐酸金刚烷胺粉，使用方法见说明。

② 中药治疗　以下为 10 框蜂剂量。

配方一：华千金藤（海南金不换）10g，半枝莲 50g，板蓝根 50g，贯众 30g，金银花 30g，甘草 6g，五加皮 30g，金银花 15g，桂枝 9g，甘草 6g。

配方二：贯众 50g，金银花 10g，甘草 25g。

配方三：贯众 50g，苍术 25g，甘草 25g。

配方四：半枝莲 15g，加多种维生素 10 粒。

配方五：元胡 20g，维生素 C 1 片。

药物煎煮、过滤、浓缩，配成 500mL 左右的白糖水（1∶1）喂蜂，连续喂或隔日喂，喂 4～5 次为 1 个疗程，喂 1 个疗程后停药几天再喂 1 个疗程，直至痊愈。

2. 蜜蜂麻痹病

蜜蜂麻痹病有两种，一种叫急性麻痹病，另一种叫慢性麻痹病，它们是由两种不同的病毒引发的。患急性麻痹病的蜜蜂外表没有特殊变化，病蜂因其足麻痹抓不住脾，提脾时像雨点状落脾。病蜂在箱内、箱外仰着不停挣扎，直至死去。一般发病 1 周左右全部死光，蜂王也染病死亡。该病传染速度快，若发现过晚或施救不当，易造成垮场。慢性麻痹病又叫瘫痪病、黑蜂病，是目前最普遍、最具杀伤力的成年蜂疾病。其症状表现出两种类型，一种为"大肚型"，即病蜂腹部膨大，中肠充满液体，身颤翅抖，不能飞翔，在地上缓慢爬行。于箱内则集中在框梁上、脾边缘和箱底。反应迟钝，螫针伸不出。此时，若喂糖，则死蜂堆满饲喂槽。另一种为黑蜂型，发病初期病蜂瘦小，有的全身无毛，周身乌黑；有的腹部后半部分呈黑色，周身像油炸过一样，常被健康蜂驱逐或拖咬，因饥饿试图进入其他箱内。发病后期与急性麻痹病相似，身颤体抖，失去飞翔能力。死蜂多在巢门前，箱底也有少量。

蜜蜂麻痹病以预防为主，有以下方案。

（1）加强管理　根据以上所谈麻痹病的发病诱因，可以在夏季高热之初做好防暑降温工作。

（2）闷蜂治疗法　根据湖北监利县韩学忠经验，在日最高气温低于 28℃ 时，清晨蜜蜂未出巢前，把巢门完全关闭，待 48h 后打开巢门。当巢门刚开启的瞬间，清一色的病蜂潮水般涌出，只见一只只病蜂争先恐后地朝着一个方向爬着、跳着，迅速消失在草丛中，约有 600～800 只，其间没有一只会飞的。此时，蜂箱内没有一只病蜂，病蜂已全离开蜂箱。

（3）转场防治法　发病初期采用框梁、箱底撒升华硫的方法配合健康蜂赶走部分病蜂，在两次撒升华硫之后，迅速将蜂群搬至 5km 之外。

（4）若蜂群发病后出现了典型的神经症状，可用 1 支藿香正气水兑入 1kg1：1 的糖水中，加入维生素 C 和复合维生素 B 各两片，捣成粉末搅拌均匀后，到入喷雾器，逐脾喷洒蜂体，以喷湿为度。也可加到 2.5kg 糖浆中，每群蜂饲喂 0.4kg 配药糖浆液，喂病蜂 3～5 次。

（5）"麻痹灵"，用法用量参照说明书。

三、其他病原

1. 白垩病

蜜蜂白垩病为蜜蜂幼虫真菌性病害，致病菌为子囊球菌，菌丝雌雄异株，两者结合进行有性繁殖，形成子囊球，其内充满孢子囊，里面有大量的子囊孢子。西方蜜蜂易发病。东方蜜蜂发病较轻，目前仅在雄蜂幼虫上发现真菌的侵染。该病害在我国南方发生严重，发病的季节性较明显，一般为春末初夏，气候多雨潮湿、温度变化频繁，蜂群又处于繁殖期，子圈大，边脾或脾边缘受冷机会多，发病率较高。蜂箱通气不良，或贮蜜的含水量过高（22％以上），都易使病害发展。

4 日龄的幼虫最易受蜂球囊菌的感染，染病幼虫呈苍白色，开始肿胀长出白色绒毛充满整个巢房，然后皱缩、变硬，尸体干枯后形成质地疏松的白色块状物，是此病的特征。死虫尸体上长出的白毛，是蜂球囊菌的菌丝。在两个异性菌丝接触时，形成孢子囊孢子，使尸体带有暗灰色或黑色的斑点，死亡幼虫呈白色粉笔样物；死虫体表形成子实体，干尸呈深墨绿色至黑色。在蜂群中雄蜂幼虫比工蜂幼虫更易受到感染。在重病群中，可能留下封盖房，但多为零散分布，封盖房中有结实的僵尸，当摇动巢脾时能发出撞击声响。

防治方法：

（1）控制蜂箱内的湿度，使蜂场小气候适宜，摆蜂场地应高燥，排水、通风良好；春季多雨季节，蜂箱底部四角用砖块等物架起；蜂群内的饲料蜜浓度高；晴天注意翻晒保温物。

（2）食物消毒　饲喂的花粉等食物均需要消毒。

（3）蜂箱、巢脾需要消毒　重病脾，用福尔马林加高锰酸钾密熏蒸消毒；严重的病脾应考虑烧毁。病群于晴天用 0.5％的高锰酸钾液喷雾，做成年蜂体表消毒，喷雾成蜂体表雾湿状为止，1 次/日，连用 3 日。

（4）用两性霉素 B 掺入花粉中饲喂病群（0.2g/10 框蜂），连用 7 日。

（5）用山梨酸和丙酸钠掺入花粉中饲喂病群，连用 7 日。

2. 蜜蜂孢子虫病

蜜蜂孢子虫病是由蜜蜂孢子虫寄生在蜜蜂中肠上皮细胞内引起的疾病。雄蜂及蜂王对孢子虫也敏感，蜂王若被侵染，很快停止产卵，并在几周内死亡。该病处理不好容易传染。将患该病的成年蜂用镊子拉开尾部和胸部，使其露出中肠，可见中肠病理变化比较明显，发病蜂中肠明显膨大，由米黄色变为灰白色或乳白色，环纹消失不清，失去弹性和光泽，极易破裂。实验室诊断时，将病蜂在研钵中加蒸馏水研碎，制成玻片，在400～600倍显微镜下观察，有椭圆形、带有折光性的米粒状孢子，即可确诊为孢子虫病。

防治方法：

（1）蜂群饲喂酸饲料　喂酸饲料可提高蜜蜂对孢子虫的抗性，每升饱和糖浆或蜂蜜中加入1g柠檬酸，提高饲料的酸度，降低蜜蜂中肠pH，抑制孢子虫的侵入与增殖。也可用米醋糖水，用50g米醋兑1000g糖水，连续饲喂2～4次。

（2）加强消毒　对饲料、蜂具等进行消毒，对已受污染的蜂具、蜂箱、巢蜜等严格消毒，可采用醋酸熏蒸，每一个蜂箱（继箱）内装满巢脾，在上框梁上放120mL醋酸（80%）后叠起来，密封，熏蒸一星期后，通风数日，除去酸味后，箱、脾方可使用。注意：蜂具消毒一定要脱蜂，不带粉和蜜，以防止蜜蜂损失，并提高消毒的效果。

（3）药物防治　用烟曲霉素防治，将烟曲霉素拌入蜂蜜或糖浆中，每升糖浆含25mg烟曲霉素，每群每次蜂喂0.5L糖浆。

（4）患病蜂场后期管理　凡有孢子虫病史的蜂场，应在往年的发病季节作好预防孢子虫的复发措施，喂以酸性饲料，可控制孢子虫的爆发。选育抗病蜂种，蜂场育种时应选育无病史群，有过孢子虫病史的蜂群不再留作种群。越冬期后保持箱内干燥，勤于翻晒蜂群的保温物，减轻箱内的冷湿度，促使蜂群飞翔排泄。

第三节　蜜蜂的敌虫害与防治

蜂巢是蜜蜂生活的中心，有蜜蜂幼虫、蛹、成年蜂及蜂群储藏的大量蜂蜜和花粉。我们把骚扰、侵袭、影响蜂群的正常生活和健康的蜜蜂天敌或者寄生物种称为蜜蜂的敌害或虫害。蜜蜂的敌虫害种类较多、分布很广，本节主要介绍一些危害较大、较为常见的蜜蜂敌虫害及其防治。

一、蜂螨

1. 分类

蜂螨一直是养蜂业的最重要的虫害，仅与蜂类相关螨类就有100种以上，其中对全世界蜂业生产造成明显危害的有狄斯瓦螨、亮热厉螨和武氏蜂盾螨，在中国已发现的有狄斯瓦螨（即大蜂螨）、亮热厉螨（即小蜂螨）、恩氏瓦螨、欣氏真瓦螨及印度新曲厉螨。按照寄生方式，螨分为非寄生螨类、内寄生螨类和外寄生螨类。

（1）非寄生螨类　非寄生螨类涉及类群广泛，如疥螨目的无气门目、前气门亚目和中气门目的许多类群。无气门目等许多类群。主要分布在蜂巢底层，以蜜蜂或其他昆虫残体、真菌为食；以跗线螨为代表的前气门亚目蜜蜂相关螨类则以花粉为食，仅与东方蜜蜂相关联；中气门目与蜜蜂相关的大部分螨类并不进入蜂巢，仅在工蜂采食花粉时借助蜜蜂迁移，少数进入蜂巢的中气门目的螨类也仅取食花粉。整体上非寄生性螨类对蜂业生产影响不大。

（2）内寄生性螨类　昆虫内寄生螨类目前研究较少，约15个种寄生于膜翅目、鳞翅目、直翅目和半翅目昆虫。蜜蜂内寄生螨类主要寄生在蜜蜂的气管中，因此又称为蜜蜂气管螨，主要指武氏蜂盾螨。该种对蜂业生产影响较大。近年来在有些国家和地区开始流行。蜜蜂感染武氏蜂盾螨与患病等症状类似，其检测相对较为困难，比较准确的方法是在冬季或早春通过解剖来检测蜂群是否感染。

（3）外寄生螨类　寄生于昆虫体外的螨类，在中国对蜜蜂危害比较严重的即是此类。蜜蜂外寄生螨类主要有雅氏瓦螨和狄斯瓦螨。

2. 危害

（1）狄斯瓦螨　狄斯瓦螨即大蜂螨，是中华蜜蜂原发寄生螨，广泛分布在亚洲各地的东方蜜蜂群中，就连严寒的俄罗斯远东地区东方蜜蜂巢内也有发现。在长期协同进化的过程中，狄斯瓦螨已经与东方蜜蜂寄主形成一种近似共生的相互适应的关系，对东方蜜蜂群的寄生率很低；自中国引进西方蜜蜂后，狄斯瓦螨逐渐转移到西方蜜蜂群中寄生，1957年首先在江浙地区发现，随后传播蔓延至全国，对我国蜂业生产造成重大危害。

狄斯瓦螨成为西方蜜蜂的寄生虫后，与其寄生于东方蜜蜂群的情况完全不同，意蜂群几乎100%被感染。它在原始寄主东方蜜蜂群中只能在雄蜂房里繁殖，但在意大利蜜蜂群中，它不但在雄蜂房里繁殖，且增殖速度很快，一般意大利蜜蜂群每年要用药物治螨2～3次，否则蜂群1～2年内就会全群覆没，由此可见狄斯瓦螨对意蜂群的侵害是毁灭性的。

狄斯瓦螨主要寄生在封盖子脾内的老幼虫和蛹上，工蜂幼虫房通常有1～3只蜂螨寄生，而雄蜂幼虫房可多达20余只。靠吸食幼虫和蛹的体液进行繁殖，受螨危害的幼虫濒于死亡，无法化蛹，即使羽化，幼蜂也会出现体质衰弱、翅和足不能伸展或残缺、失去飞翔能力；工蜂体形瘦小，在蜂箱周围的地上爬行；雄蜂性功能降低；蜂王、工蜂和雄蜂寿命缩短。整个蜂群失去生产能力或生产能力严重下降，常常见子不见蜂，以致整群死亡。螨害严重时工蜂体表也能看到大蜂螨，甚至蜂箱底部和巢门口也能看到狄斯瓦螨爬行。

狄斯瓦螨除了自身对蜜蜂和蜂蛹造成危害，导致蜜蜂直接死亡或者抵抗力下降外，其所携带的病毒和细菌还会在蜂群中进行传播，会诱发许多其他蜂病，如美洲幼虫腐臭病、麻痹病、白垩病、囊状幼虫病、爬蜂病等，使本已脆弱的蜂群雪上加霜。

（2）亮热厉螨（即小蜂螨）　1961年由Delfinado和Baker在菲律宾的东方蜜蜂死蜂上发现而命名，相继又在大蜜蜂和小蜜蜂中发现，并认为大蜜蜂是其原始寄主。在西方蜜蜂引入亚洲饲养后，亮热厉螨逐渐转移到西方蜜蜂中为害，成为菲律宾、泰国、缅甸、越南、阿富汗、印度、巴基斯坦、中国、韩国等亚洲国家养蜂业重要的寄生虫害。它能在东方蜜蜂和西方蜜蜂的雄蜂房和工蜂房中繁殖，而且周期短、繁殖率高，因此对东方蜜蜂和西方蜜蜂的危害比狄斯瓦螨更烈。但它不能在冬季断子的蜂群中越冬，因此分布范围受到局限。中国在1960年前后首先在广东省的西方蜜蜂上发现亮热厉螨危害。该螨每年在南方冬季不断子的西方蜜蜂群中继续繁衍，翌年春夏随着转地蜂群传播到全国各地，对养蜂生产危害很大。

亮热厉螨寄生在蜜蜂子脾上，很少出现在巢脾外的蜂体上。从卵到成螨只需4～5天，繁殖速度快而周期短，行动敏捷，不易被发现，所以蜂群一旦感染，受害都比较严重。亮热厉螨对子脾的危害具有连续性，当一个幼虫受害致死后它会爬出进入到另一个幼虫房中产卵繁殖，检查蜂群时会发现连片白头蛹。受亮热厉螨危害的虫、蛹大多死后被工蜂清理掉，形成"插花子脾"，能羽化出房的比较少。

（3）恩氏瓦螨　1987年在尼泊尔的东方蜜蜂群中发现，由Delftnado和Baker等定名。此螨先后在韩国、越南、巴布亚新几内亚、马来西亚等国的东方蜜蜂、绿努蜂、苏拉威西蜂等蜂种上发现，但尚未发现在西方蜜蜂中繁殖。2002年中国首次发现恩氏瓦螨。此螨主要寄生在中蜂雄蜂房中，自然寄生率为2.24%。虽然恩氏瓦螨在中蜂群中的寄生数量比狄斯瓦螨低，但其潜在危害不亚于狄斯瓦螨。

（4）欣氏真瓦螨　1974年由Delfinado和Baker在印度的小蜜蜂上发现并定名。中国于1994年正式报道发现此螨。欣氏真瓦螨的生活史与雅氏瓦螨相似，只在雄蜂蛹房中繁殖，在印度与小蜂螨同时发生，使蜂群衰弱。据报道，在实验室条件下，它可以在西方蜜蜂的工蜂和雄蜂幼虫房中繁殖。因此，欣氏真瓦螨是否会成为西方蜜蜂潜在的危害值得注意。

（5）印度新曲厉螨　1963年Evens从锡兰东方蜜蜂体上采得标本并命名。新曲厉螨属分布于东南亚、南亚、新西兰、澳大利亚、安哥拉等地，常见于椰子、槟榔、桉树等植物的花上，可能以花粉为食。雌螨常附着于蜜蜂、无刺蜂等昆虫身上，以昆虫作为携播扩散工具，并无寄生关系。广西3～4月紫云英花期，广东谷雨时节后，蜜蜂蜂体上往往附着数量最多，它虽不寄生，但影响蜜蜂正常的采集和生活。

3. 防治方法

（1）预防为主，防治结合　蜂场在转地时，仔细调查放蜂地疫情发生情况，用心观察周围蜂场是否有亮热厉螨存在，还要注意观察自身蜂群封盖子脾是否出现病情。

抓住断子期防治狄斯瓦螨：一是秋季培育越冬蜂之前；二是早春春繁蜂群包装之时；三是利用换王、分蜂断子；四是南方夏季蜂群自然断子期；五是根据情况在大流蜜期扣王断子；六是利用长途转运后的断子期。在断子期间选择对蜂螨杀灭效果好的药物进行断子治螨。

（2）合理用药

① 狄斯瓦螨防治　防治狄斯瓦螨的药剂按作用途径可分为熏蒸剂、熏烟剂、触杀剂、胃毒剂四种类型。

熏烟剂防治：利用硫黄燃烧产生二氧化硫治螨。对螨害严重的蜂群，可抖落蜜蜂，集中巢脾熏治螨，也可结合取蜜进行。在巢箱里放置一个玻璃容器或碗，碗中放 25g 硫黄点燃后立即在巢箱上叠加 2～3 个装有巢脾的继箱，关闭巢门、盖上箱盖。熏烟时间不超过 5min，可杀死巢脾上的蜂螨和子脾里的蜂螨。注意卵虫和封盖子脾要分开，严格按上述时间熏蒸可防止蜜蜂幼虫、蛹中毒。

熏蒸剂防治：用甲酸熏蒸，将浓甲酸装入 100mL 的广口瓶中，在瓶塞上开一个小孔，以便能穿过厚 2mm、宽 30mm 的灯芯。灯芯从甲酸瓶里拉出 3cm，然后放在蜂巢两边的巢脾旁进行熏蒸，直到甲酸蒸干为止。要掌握好用药的剂量。国外有甲酸纸板产品，国内有强力巢房熏蒸剂可供选用。

触杀剂防治：螨扑条目前国内蜂农使用较为普遍，主要成分为氟胺氰菊酯，使用时将药片取出，用铁丝在药片一端穿孔悬挂于巢脾之间，一般 5 框以下用 1 片，5～10 框用 2 片。蜜蜂接触该药后，蜂体上的蜂螨就脱落下来，此药的有效期可长达 45 日，能有效杀灭封盖房内的狄斯瓦螨，对蜜蜂安全，使用方便，但要根据气温、群势掌握好用量。健蜂抗螨香粉用于杀死亮热厉螨，对狄斯瓦螨防治效果较好。喷撒使药粉呈细雾状斜喷于巢脾，也可从蜂路撒施，常用量每框每次 0.8～1g，螨害严重的蜂群每隔 7～10 日重复 1 次。

胃毒剂防治：蜂妥是一种内吸杀螨剂，通过蜜蜂血淋巴作用于寄生螨，较小的剂量便可获得良好的杀螨效果。用 2g 药溶于 100mL 水中，喷雾到蜂体上。防治亮热厉螨具体用药可参照狄斯瓦螨防治用药。

② 亮热厉螨防治　虽然亮热厉螨的防治与狄斯瓦螨基本相同，但由于亮热厉螨增繁速度快，冬春防治往往不易控制亮热厉螨，需在春末夏初制造一个断子期防治。根据亮热厉螨的生活习性，可采取蜂群内断子和同巢分区断子等方法治螨，也可采取药物防治。通常，在药物的选择上要考虑既不伤害蜜蜂各虫态，又要彻底控制蜂螨危害减少损失，还不能污染蜂产品。

当前治疗亮热厉螨最佳药物是升华硫。大多数都是采取升华硫：面粉（或滑石粉）按照 1:3 的比例混匀后，均匀地撒在蜂路和框梁上，也可结合取蜜直接涂刷在封盖子脾上，不能涂在幼虫房或幼虫脾上。一般每群撒药 3～4g，药量可根据群

  蜜蜂高效养殖技术

势强弱、气温高低、天气状况来灵活掌握。群势一般、天气较好时，一个 10 框群，用药量应控制在 3～4g；群势强、气温高（30℃以上）时，用药量不要超过 3g；群势弱、气温低（20℃以下）时，每群也不要超过 4g。药量不能太大，以免引起蜜蜂中毒。每隔 5～7 日用药 1 次，连续 3～5 次为一个疗程。

使用升华硫治螨应注意：要严格控制用药量，如果用药量过大，升华硫与蜜蜂机体接触后会生成大量的硫化氢等物质。硫化氢是强烈的神经毒物，能使中枢神经麻痹，还会严重损伤蜜蜂的免疫系统，造成蜜蜂抵抗力下降，诱发一系列病原菌或者病毒发作。撒施要均匀，若撒施不均匀，多撒的地方就会使蜜蜂遭受药害，最好是以箱、框定量。治螨前后，每夜进行奖励饲喂，以提高蜜蜂的抵抗力。可以用细管（如吸管）将升华硫从巢门向内吹撒的方式代替刷脾，中毒会较轻。

（3）物理治螨技术　根据蜂螨喜在雄蜂房繁殖和对温度比较敏感的生物学特性，制造一张带加热功能的雄蜂巢脾，诱导蜂螨积极选择在雄蜂巢脾上繁殖。然后通过通电加热的方法杀死寄生于雄蜂巢房内的蜂螨，使其无法繁殖变成成年螨。在一个繁殖季节通过 4～5 次反复杀螨，蜂箱里的蜂螨寄生率可以降到很低，蜜蜂始终处于相对健康状态。

二、巢虫

巢虫是蜡螟的幼虫，又叫做"绵虫"，繁殖速度快，卵和幼虫生活力很强，是严重危害蜂群的一种敌害，轻则影响蜂群繁殖，重则造成蜂群飞逃（图 7-2）。

图 7-2　巢虫成虫（姬聪慧　摄）

1. 生物学习性

蜡螟是一种蛀食性昆虫，常见有大蜡螟与小蜡螟两种，它们一生经历卵、幼虫、蛹和成虫四个阶段，在 5～9 月份危害最严重（图 7-3）。蜡螟的发育周期随温度变化而不同，在 30～40℃ 条件下，60 天就可完成一个生命周期，但在低温条件下，则可延续 3～4 个月。一般情况下，蜡螟在一年中可繁衍 2～4 代。

图 7-3　巢虫卵（姬聪慧　摄）

　　蜡螟白天隐藏在蜂场周围的草丛及树干缝隙里，晚上出来活动，雌蜡螟与雄蜡螟交配也是发生在夜间。雌蜡螟交配后 3～10 日开始潜入蜂巢，在蜂箱的缝隙里、箱盖处、箱底板上蜡渣里产卵。初孵化的幼虫很小，长约 0.8mm、线状、乳白色，仔细观察便能看到，故又称蚁螟。蚁螟期的巢虫在干燥物体表面以磕头状快速爬行，无固定方向，尚能从空中悬丝下垂，十分活跃。但在表面湿度达饱和的物体上移动缓慢、吃力。巢虫的蚁螟期以箱底蜡屑为食，此时是其寻找寄生场所的主要时期。巢虫孵化一天后即开始上脾，钻入巢房底部蛀食巢脾，孵化 3 日后的巢虫，则无四处乱串的现象，而是逗留在适宜生活的地方取食并逐步向房壁钻孔吐丝，形成分岔或不分岔的隧道，巢虫幼虫老熟后，或在巢脾的隧道里，或在蜂箱壁上，或在巢框的木质部，蛀成小坑，结茧化蛹，再羽化成成虫，继续寻找蜂箱缝隙产卵繁殖，最终导致受侵害的蜜蜂幼虫不能封盖或蛹封盖后被蛀毁，子脾出现"白头蛹"现象；而尚未找到食物和适宜生活繁殖场所的巢虫大多会因体内养分耗尽而夭亡。

2. 危害

　　巢虫主要危害群势较弱蜂群，并在巢脾中打蛀隧道、蛀食巢脾上的蜡质，并在巢房底部吐丝作茧，毁坏巢脾和蜂子，致使巢脾上出现不成片的"白头蛹"，严重时白头蛹可达子脾数量的 80％ 以上，同时使贮存备用的巢脾变成一堆废渣（图 7-4）。巢虫在蛀隧道时常损伤蜜蜂幼虫的体表，致使蜂群感染疾病；巢虫还会危害蜂蛹，致使受害蜂蛹肢体残缺，不能正常羽化，勉强羽化的幼蜂也会因房底丝线困在巢房内。被害蜂群轻则出现秋衰，影响蜂蜜的产量和质量，严重的可致蜜蜂弃巢飞逃，给蜂场造成严重损失。

3. 防治方法

（1）预防

　　① 加强蜂群管理　饲养强群，保持蜂多于脾；随时保持巢脾上有充足的蜜和粉；选用优质蜂王，采用清巢力较强、能维持强群和抗巢虫力较强的蜂种，以增强蜂场内的遗传优势，提高蜂群抵抗病虫害的能力；及时更换新脾，淘汰旧脾，可以

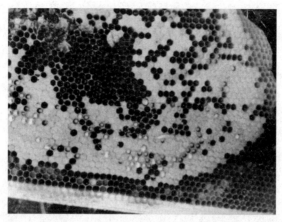

图 7-4　巢虫造成白头蛹（姬聪慧　摄）

有效地控制巢虫。

　　② 定期清理箱底，保持箱内干净，捕杀成蛾与越冬虫蛹，清除卵块。在每年春繁时期，对蜂场进行全面清扫，彻底清扫箱体，烧开水浇灌箱底以杀死虫卵；在夏秋季节，对有巢虫危害的蜂群，脱蜂后抽出受害的封盖子脾，阳光曝晒 5～15min 后，巢虫会爬到脾面上，用镊子取出杀死；在冬季最寒冷时段，把箱、脾置于户外霜冻，杀灭巢虫卵及幼虫；被巢虫危害严重的蜂群，可从未受到危害的蜂群中抽 1～2 张健康子脾进行换脾，再把换下的巢脾销毁或化蜡。

　　（2）药物防治　使用当前市售巢虫净、巢虫清木片、药物熏蒸以及中草药等方法综合防治。

　　依据病情选择合适的治疗措施。对遭受巢虫危害严重的蜂群，可用专杀巢虫的药物"巢虫净"进行防治，方法是取 5g 巢虫净，加水稀释至 1.5kg，喷洒巢脾，晾干后保存，每袋可治 300 张脾，一周后再喷一次，一般可保持半年；使用巢虫清木片，则将其挂在箱内病脾上，一月左右见效，一片可保持一年左右。

　　消毒可用 36mg/L 二溴乙烯对巢脾熏蒸 1.5h 或用 0.02mg/L 氧化乙烯对熏蒸巢脾 24h；用 40% 的 NaCl 浸泡蜂箱；此外，二硫化碳、冰醋酸、硫黄、溴甲烷均可用于熏蒸巢脾杀死蜡螟。

　　在易生巢虫的箱内放中草药吴茱萸或者槟榔（在蜂箱底部），在巢虫侵害繁殖期内定期更换，可起到驱避和预防巢虫的作用。

三、胡蜂

1. 生物学特性

　　胡蜂是群居性生活的昆虫，具有趋光性、趋风性、趋红性等特点。每群胡蜂由蜂王、工蜂和雄蜂组成，胡蜂的性别决定方式为典型的单倍两倍性，即由未受精卵发育为单倍体的雄蜂，受精卵发育为双倍体的雌蜂。蜂王和工蜂为雌蜂，工蜂不能生殖，幼虫期的营养差异是决定她们能否生殖的重要因素。蜂王专司产卵，建群初期除外；雄蜂只在繁殖季节出现，它们与雌蜂交尾后不久陆续死亡；工蜂专司扩巢、保温、捕猎食物、饲喂幼虫、御敌等内外勤工作。胡蜂的分工是以日龄为基础的，即幼年时从事比较安全的巢内工作，成年时从事捕食、防御等危险工作。

胡蜂常在冬暖夏凉、温湿度适宜、隐蔽的山洞或大树洞内营巢，蜂房的横断面为六角形，房的深度和直径因种而异，筑巢材料以木质纤维为主，并掺有一些胶质物。蜂巢外形近似圆形或椭圆形，蜂房口朝下呈水平横向排列构成育子层，层与层间有供活动和栖息的蜂路，有利于御敌、护巢。

成年胡蜂喜欢甜性物质，主要采食瓜果、花蜜和含糖的汁液，捕食鳞翅目、双翅目、直翅目、膜翅目、蜻蜓目等昆虫，经过咀嚼成肉泥，用以喂养幼虫。胡蜂捕食昆虫，多为蝇类、虻类。在其他昆虫饲料短缺时捕杀蜜蜂，是蜜蜂的重要敌害。胡蜂将捕捉的蜜蜂带到附近的树枝上，汲取蜜囊里的蜜汁，并将咬碎的蜜蜂肌肉拧成团，带回巢内哺喂其幼虫。

胡蜂的年生活史大致相同：春季气温回升，越冬的蜂王复苏，经过一段时间活动和补充营养后开始营巢产卵，其个体发育需经卵、幼虫、蛹及成虫四个阶段。夏天蜂群发展壮大，初秋开始出现雄蜂和处女蜂王并在外交配，晚秋蜂群个体数量开始下降，受精的蜂王寻找合适的地点越冬，一般在墙缝、树洞、灌木丛中，单个或数个不等的蜂王挤在一起不食度过寒冬。

2. 胡蜂的危害及毒性

（1）胡蜂的危害

① 捕食　胡蜂在空中追逐捕食蜜蜂或在蜜蜂巢门前等候捕食进出的工蜂，捕捉到蜜蜂后即飞往附近树枝上或建筑物上，去除头、翅、腹后携带蜜蜂胸部回巢，小型胡蜂比大型胡蜂更灵活，捕食的成功率更高。

② 攻占蜂巢　群势较弱的蜂群，胡蜂可成批攻入蜂巢，蜂群被迫弃巢飞逃或被毁灭。金环胡蜂捕杀蜜蜂分为几个不同的阶段：捕食阶段，发现蜂巢后杀死蜜蜂带回自己的巢穴喂养幼虫；召唤阶段，经几次往返后，在蜜蜂巢附近释放信息素进行标记以召唤同伴；屠杀阶段，来自同一蜂巢的胡蜂聚集在标记的蜜蜂巢前咬杀蜜蜂，一只胡蜂 1min 内能咬死多达 40 只蜜蜂；占据阶段，占据蜂巢 10 日左右，把幼虫和蛹搬回自己的巢穴喂养幼虫。胡蜂攻占蜂巢一般只发生在秋季。由于此时正值胡蜂的繁殖高峰，需要大量的蛋白质，食物压力迫使胡蜂冒险攻占蜜蜂蜂巢。

③ 胡蜂对蜜蜂活动的影响　胡蜂对蜜蜂采集活动的影响主要取决于胡蜂在蜂箱门口滞留的时间，滞留时间越长，影响的程度就越大，甚至可以干扰蜜蜂蜂王的正常交配。

（2）胡蜂的毒性　胡蜂毒液的主要成分为组胺、五羟色胺、缓激肽、透明质酸酶等，毒液呈碱性，易被酸性溶液中和。毒液有致溶血、出血和神经毒作用，能损害心肌、肾小管和肾小球，尤易损害近曲肾小管，也可引起过敏反应，使肾功能、肝功能衰竭。蜇人后，会引起局部组织坏死，使人因麻醉而呈瘫痪状态。

因此，若发现胡蜂的巢，应尽量离其远之，不能随意用石头、砖瓦打蜂巢，一旦惊动胡蜂，应立即伏地，抱头抱手抱足静止不动，待胡蜂离去后方可行动。若被胡蜂蜇伤，应在第一时间采用下列方法自救或急救。

① 母乳或药疗　先要立即检查蜇伤处，挤出毒液，然后涂抹乳汁，以清凉消炎，若一时找不到乳汁，则可涂抹食醋中和毒液，还可涂皮炎平、南通蛇药消炎解毒。

② 以毒攻毒　就地捉拿蜇人的那只胡蜂，将其捣碎成肉酱，敷在伤口，以消炎解毒止痛。

③ 中药治疗　将七叶一枝花、半边莲、紫花地丁捣烂外敷。重症者，需在伤口近心端，扎止血带，每隔15min放松一次，结扎时间不宜超过2h。

总之，对于被胡蜂蜇伤者，应尽快送往医院接受治疗。

3. 防治方法

（1）预防与守护　为了防止胡蜂由巢门及蜂箱其他孔洞钻入箱中，应加固蜂箱和巢门，在夏秋季胡蜂危害严重时期，要有专人守护蜂场，及时扑打前来骚扰的胡蜂。胡蜂为害后，巢门前的死蜂要清除干净，避免下次胡蜂来时攻击同一箱蜜蜂。还可将蜜蜂蜂箱巢门缩小，或制成反向"喇叭口"，小口朝外，大口朝向蜂箱内，以防止胡蜂进入蜂箱内部。

（2）毁巢　要根除胡蜂的危害，在胡蜂密集的地区，组织专业人员穿防护服进行人工摘除胡蜂巢，用口袋收集，将其焚烧或蒸煮。或采用"毁巢灵自动敷药法"，即捕到胡蜂后，将其诱入100～150mL的瓶内，立即盖上瓶盖。因瓶内预置"毁巢灵"粉剂，这时瓶内的药粉借其挣脱振翅的气流，自动均匀地敷散到蜂体各部分，一般敷药量可达40～60mg，打开盖放胡蜂回巢。也可在50mg的药棉上，蘸1～2g敌敌畏药剂，将一根细线一端系住药棉，另一端系住胡蜂的一只脚，其间保持2～5cm的距离以免毒死胡蜂，然后放它回巢。这样均可很快污染全巢，从而达到消灭胡蜂之目的。

四、茧蜂

蜜蜂茧蜂属是膜翅目茧蜂科优茧蜂亚科昆虫，种类较少，中国仅记录一种即斯氏蜜蜂茧蜂，2007年在广东省首次发现，现在贵州、重庆、湖北、四川及台湾均有分布。

蜜蜂茧蜂主要寄生中蜂种群，寄生率高达20%左右。中蜂被寄生初期无明显症状；在感染后期，蜂群采集情绪降低，工蜂腹部色泽暗淡，大量离脾，六足紧握，附着于箱底或箱内壁，在巢门踏板上可见腹部稍膨大、无飞翔能力、呈爬蜂状、螫针不能伸缩、不蜇人的被寄生的工蜂；待寄生茧蜂幼虫老熟时，整个幼虫几乎充满工蜂腹腔，从中蜂肛门处咬破蜜蜂体壁爬出，工蜂在"产出"寄生蜂幼虫前表现出"急躁、前后翅上举、四处爬动"等症状，工蜂"产出"寄生蜂幼虫后约30min即死亡。解剖死亡工蜂发现，一只患病工蜂体内仅有一只寄生蜂幼虫，紧贴工蜂中肠。寄生蜂幼虫通体乳黄色、具体节、两头稍尖、可自行蠕动。

对于茧蜂目前尚无有效的防治措施，建议加强蜂群管理，发现被感染蜂群，在巢门附近放上几张报纸，将蜂感染蜜蜂抖在报纸上，健康蜜蜂及时飞回，被感染的蜜蜂留在报纸上，然后将报纸和被感染的蜜蜂焚烧。严重的蜂群必须进行销毁处理，防止被感染蜂随着蜂群的流动进一步扩散。

五、蟾蜍

蟾蜍又名癞蛤蟆，体形肥大，背上有疣状突起，头两侧有隆起的毒囊，身体灰黑色，腹部白色。蟾蜍白天隐藏在草丛中或瓦砾、石隙、蜂箱底下，在天热的晚上爬到蜂箱巢门前捕食正在扇风的蜜蜂。蟾蜍食量大，1只蟾蜍1个晚上可取食100～200只蜜蜂。

防治：经常清除蜂场上的杂草、杂物，使蟾蜍无藏身之处。垫高蜂箱，使蟾蜍难以接近巢门捕食蜜蜂。夜间经常到蜂场查看，若发现有危害蜜蜂的蟾蜍，应立即将其驱捕。也可采用开沟防治。在蜂箱巢门前挖条小深坑，白天用草帘等物将坑口盖上，夜间打开，当蟾蜍出来捕食蜜蜂时，即会掉入坑内，爬不出来，捕捉后将其放至距蜂场较远的田间。蟾蜍对蜜蜂来讲是敌害，但它可捕食许多农作物害虫，从这一点来说，它对人们是有利的，是值得保护的。

六、其他敌虫害

1. 蜻蜓

蜻蜓因其食量大，行动敏捷，中蜂逃不过它的捕杀，故是中蜂的一大敌害。

蜻蜓对中蜂的危害主要在每年的6～9月，尤其7～8月最为猖獗，多集中在9：00—11：00和15：00—16：00。以周围有河流、小溪，特别是在水不流动的小池塘周围，适宜蜻蜓产卵繁殖的地方，危害更为严重。黄蜻蜓飞行敏捷，在空中可以拦截捕捉工蜂；蓝蜻蜓专门在蜂箱门口拦截采蜜回巢的工蜂，等工蜂在空中悬停准备降落到巢门时，迅速飞过来捕捉。防控方法如下：

（1）选择离河流、小溪、山塘或池塘1km以上的区域放置蜂箱，可以较好地避免蜻蜓的危害。

（2）养殖区域500m内所有死水沟、死水塘都要排空积水，以免蜻蜓产卵。

（3）在蜻蜓爆发期（6～9月），在蜂箱周围放置2指宽网眼的渔网，中蜂可以穿越，把蜻蜓阻挡在外，减少蜻蜓对中蜂的危害。

（4）养殖量少时，可以在蜻蜓危害阶段，用网拍等人工拍打。也可以用几支毛竹枝条，捆扎在一起，朝蜻蜓群中击打。拍打蜻蜓时要从蜻蜓前方击打，才能打下蜻蜓。

（5）找几支小竹竿，在竹竿上绕上新鲜的蜘蛛网，插在蜂箱周围，蜻蜓接触时就会被粘住。待蜘蛛网失去黏性后，再绕上新鲜蜘蛛网，重复利用。

2. 蜘蛛

蜘蛛常在蜂场附近的墙角、屋檐、树间及草丛上面吐丝作网，捕捉蜜蜂。蜘蛛平时停留在蛛网边缘或中心等候，一旦有蜜蜂触网，立即上前缚住，先吐丝将蜜蜂团团围紧，然后用口器刺入蜜蜂颈部注入毒液，将其内脏全部化为液体，供其吸吮食用，遭受危害的蜜蜂最后仅剩下一个空壳。在蜂场附近蜜蜂经常出入的地方，常可以看到蜘蛛网网着一些蜜蜂，有的刚被网住仍在挣扎，有的已被围死，有的则被食成空壳。在蜂王婚飞交尾的季节，处女王也往往被其捕杀。到林中采集树蜜的蜂群，也时常会遭到森林蜘蛛的危害。

防治方法：在放蜂地段发现蛛网和蜘蛛时，应立即清除，消灭蜘蛛。每天早晨进行 1 次例行检查，毁灭蛛网和捕捉蜘蛛，以保持蜜蜂的正常采集活动和生活，也可采用杀虫剂对症灭杀。

3. 蚂蚁

蚂蚁分布广泛，尤其在高温潮湿或森林地带分布最多。蚂蚁常在蜂箱附近爬行，从蜂箱缝隙或巢门进入蜂箱，取食蜂蜜、花粉，袭击、干扰蜜蜂的正常活动，严重时可毁灭全群蜜蜂。防控方法如下。

（1）捣毁蚁巢　找到蚁巢后，用木桩或竹竿打 3～4 个约 60cm 深的孔洞，灌注煤油，然后用土填平杀死其中的蚂蚁。也可挖开蚁巢，撒生石灰后浇水或喷洒 5%～10% 的亚硫酸钠溶液进行防治。

（2）垫高蜂箱　在蜂箱的四角各打 1 根木桩，在木桩上涂沥青或桐油，对蚂蚁产生驱避作用，可阻止蚂蚁爬入蜂箱内。

（3）灭蚁灵防治　该药对蚂蚁防治效果好、对蜜蜂无害。当发现蚂蚁为害蜜蜂时，将 3～5g 灭蚁灵喷施在蚁路和蚂蚁体上，让其回巢后毒杀全巢蚂蚁。

4. 食虫虻

食虫虻又名苍蝇狗，属食虫虻科。身体呈黄色至黑色，夹有白色斑点。腹部细长，有白色环纹。食虫虻性情凶猛、行动敏捷，可捕食几乎所有昆虫，广泛分布于田间或旷野，也经常逗留在蜂场附近伺机捕捉蜜蜂，当追上蜜蜂时便猛扑上去，抱住蜜蜂，将口器刺入蜜蜂颈部薄膜间，吸取血淋巴致蜜蜂死亡。

在北方的秋季，食虫虻对蜂群危害最严重。因食虫虻身体相对较小，且多数是在空中飞行时捕食蜜蜂，所以食虫虻的危害情况不易被发现，至今还未引起大多数养蜂者的注意。往往受害的蜂场多数只觉得蜂群逐渐衰弱，却查不出原因。

防治方法：目前对食虫虻的研究还未深入，防治方法暂时还只有用自制的网拍或树枝人工扑打。特此提醒广大蜂农，食虫虻危害程度每年不同，重的年份应加强防范，以免造成蜂群秋衰。

5. 天蛾

天蛾属鳞翅目天蛾科，其幼虫为林木的重要害虫。危害蜂群的主要有甘薯天蛾、鬼脸天蛾或豆天蛾。在我国的南方福建等地1年产生4~5代，以蛹在土中越冬。成虫白天躲在暗处，夜间飞出寻找花蜜或蜂蜜为食。一旦嗅到蜂群中蜂蜜香味，便从巢门潜入蜂箱内盗食蜂蜜。当巢门太小不能进入时，便在蜂箱周围利用腹部环节摩擦发声，以惊动蜂群或在蜂箱外缝隙处干扰蜂群。天蛾对西方蜜蜂影响不大。一旦天蛾窜入中蜂群内则会造成中蜂弃巢飞逃。

防治方法：用3%的晶体敌百虫1000倍溶液加入糖浆中并倒入海绵载体中，晚上投放于蜂场周围，翌日凌晨收回；也可用蜂蜜加酒放入容器中，再罩上呈漏斗状开口的铁纱笼，使天蛾进入笼中取食蜜酒时而淹死。

第八章

蜜粉源植物

蜜粉源植物是养蜂生产的基础，是蜜蜂饲料的主要来源，没有蜜粉源植物，蜜蜂就失去了生存的基础。我国蜜粉源植物丰富，有几十种主要蜜粉源植物可生产商品蜜；辅助蜜粉源一般情况不能生产商品蜜，但对蜂群的繁殖是十分重要的，同时也可进行蜂王浆和蜂花粉的生产。

我国蜜粉源植物种主要有：油菜、刺槐、柑橘、荔枝、柿子、枣树、乌桕、漆树、荆条、椴树、茶花、枇杷、柃木、野菊花等230余种，其中药用植物120余种，一年四季开花不断，形成蜜粉源的连续性，保证了蜜蜂的周年生活和生产的需要。

一、影响蜜粉源植物花蜜分泌的因素

影响蜜粉源植物花蜜分泌的因素可分为内在因素和外在因素。

1. 内在因素对花蜜分泌的影响

（1）遗传基因　遗传性对花蜜分泌的影响可能是由于对光合作用的限制、糖的传导系统的容量、蜜腺的大小，以及蜜腺酶补体的不同等。据研究，野生蜜源植物的泌蜜量和花蜜成分变化不大；而栽培的蜜源植物不仅有种间差异，而且有品种间的差异。所以各种植物的泌蜜量大小、泌蜜时间长短和花蜜浓度是不同的。

（2）树龄　多数木本蜜源植物要生长到一定年龄才能开花。同一种植物由于处于不同的年龄阶段，其开花数量、开花迟早、花期长短和泌蜜量大小都有差别。在相同的生态条件下，通常是幼树和老龄树先开花，但花朵数量较少，花朵开放参差不齐，泌蜜较少。中壮年树开花期稍迟，但花朵数量多、泌蜜量大、开花整齐。

（3）长势　同一种植物在同等气候条件下，生长健壮的植株花多、蜜多、单株花期长。反之，若长势差，则花少、蜜少、单株花期短。

（4）花的位置和花序类型　同一植株上的花。由于生长部位不同，其泌蜜量有很大差异。通常花序下部的花比上部的蜜多；主枝的花比侧枝的花蜜多。这与植物的营养供给条件有关。

无限花序类中长序轴的开花顺序是自下而上，如油菜等，中部的花朵泌蜜量多，最顶部的花朵泌蜜量最少。无限花序类中短序轴的开花顺序是由外周向中心开放，如向日葵等，花序周围的花先开放，泌蜜少，里面的花稍迟开放，泌蜜量多，最中心的花最迟开放，泌蜜最少。

有限花序类植物的开花顺序是上部或中心的花先开放，最下部或外围的花最迟开放。最早和最迟开放的花朵泌蜜量少，中间开放的花朵泌蜜量多。

（5）花的性别　单性花中雌雄同株的植物，由于花朵性别不同，泌蜜量可能有差别。例如，黄瓜的雌花泌蜜比雄花多；香蕉雄花的泌蜜比雌花多。

（6）大小年　许多木本植物，如椴树、荔枝、龙眼、乌桕等都有明显的大小年现象。在正常情况下，当年开花多、结果多，由于植物体内营养消耗多，造成第2年开花少、泌蜜量少。

（7）蜜腺　蜜腺大小不同，造成泌蜜量的差异。如油菜花有2对深绿色的蜜腺，其中1对蜜腺较大、泌蜜最多，1对小蜜腺泌蜜较少；荔枝和龙眼的蜜腺比无患子发达，泌蜜量也比无患子多。

（8）授粉与授精作用　当植物雌蕊授粉受精以后，由于生理代谢活动发生改变，多数蜜源植物花蜜的分泌也随之停止。例如，油菜花授粉后18～24h完成受精作用，花蜜停止分泌。紫苜蓿的小花被蜂类打开后，花蜜就停止积累。

2. 外在因素对花蜜分泌的影响

（1）光照　光是绿色植物进行光合作用和制造养分的基本条件。在一定范围内，植物的光合作用随着光照强度的增强而增强。充足的光照条件是促成植物体内糖分形成、积累、转化和分泌花蜜的重要因素。例如，在温室里其他条件都保持相当稳定的情况下，不同的光照量使红三叶草花蜜产量的差异高达300％之多。在温带地区蜜源植物开花期，光照的强度和长短影响草本蜜源植物花蜜的产量；而对乔木和灌木而言，由于其花蜜可能来自于贮存的物质，因此，前一个生长季节所接受的光照量会影响本季花蜜的产量。

（2）温度　生物的一切生命活动，都是在一定温度条件下进行的，如光合作用、呼吸作用、蒸腾作用、叶绿素的合成、细胞的分裂、花蜜的形成和分泌等，都是在适宜的温度条件下进行的，在适宜的温度范围内，蜜源植物随温度升高，细胞膜透性增强，植物对生长所必需的水分、二氧化碳和无机盐的吸收能力就会增强；

蒸腾作用加速，光合作用提高，酶的活性增强，这样，植物就会在体内加速糖类的制造、运输和积累，有利于开花和泌蜜。但并不是温度越高越好，一旦气温超过了蜜源植物的适宜温度，将引起植物生理功能障碍，不利于植物的生长发育和开花泌蜜，这是因为高温可使叶绿体和胞质受到破坏，令酶的活性钝化，呼吸作用和光合作用失去平衡，根系早熟、老化，影响水分和无机盐类吸收，最终造成泌蜜减少、花期缩短。当低于一定温度时，植物酶促反应下降，光合作用和呼吸作用缓慢，根细胞原生质胶体黏性增强，细胞膜透性减弱，阻滞水分和矿质盐类吸收，使根压减弱，正常代谢过程不能顺利进行。当植物处于 20～30℃ 条件下，有机物质的运输速度可达 20～30m/h；如降温到 1～4℃，运输速度则下降到 1～3cm/h，对代谢过程影响甚大。因此，蜜源植物花期若遇骤然降温，常使泌蜜中断。

蜜源植物对温度的要求可分为三种类型：高温型、低温型和中温型。高温型的适宜温度范围为 25～35℃，如棉花、老瓜头等；低温型 10～22℃，如野坝子等；中温型 20～25℃，如椴树、油菜等。多数蜜源植物泌蜜需要闷热而潮湿的天气条件。在适宜的范围内，高温有利于糖的形成，低温有利于糖的积累。因此，在昼夜温差较大的情况下，有利于花蜜分泌。

（3）水分　水是植物体的重要组成部分，是植物生长发育和开花泌蜜的重要条件。

秋季雨水充足，使得木本蜜源植物生长旺盛，贮存大量养分，有利于来年泌蜜。春季下过透雨，有利于草本蜜源植物的花芽分化和形成，花期泌蜜量大。北方冬季下大雪，有利于保护多年生植物的根系免受冻害或大风的影响。

降水量可影响空气湿度和土壤湿度。在阴天，大气湿度可达 100％，而晴天有时只有 30％ 以下。适宜花蜜分泌的空气湿度一般是 60％～80％，但有些蜜腺暴露的植物，如荞麦、枣树等需要较高的湿度，在常温下温度越高，泌蜜越多；而蜜腺隐蔽型的植物，如紫云英、凤毛菊等，在空气湿度较低时，也能正常泌蜜。

通常，蜜腺暴露型的植物泌蜜特点是泌蜜量自早晨以后逐渐减少，到晚上又开始增加；而在阴天和空气湿度较高的情况下，其泌蜜量自早晨起一直上升，晚间开始下降。蜜腺隐蔽型的植物泌蜜量则是自早晨起一直下降，晚间又开始上升。

（4）风　风对植物的开花、泌蜜有直接或间接的影响。风力强大会引起花枝撞击而损害花朵；干燥冷风或热风会引起蜜腺停止泌蜜，已分泌的花蜜也容易干涸；湿润暖和的微风有利于开花泌蜜。风会改变环境的气温、空气湿度、土壤水分蒸发量大小等，通过这些生态因子的变化而间接地影响植物的开花、泌蜜。

（5）土壤　土壤性质不同，对于植物花蜜分泌有很大影响。植物生长在土质肥沃、疏松，土壤水分和温度适宜的条件下，长势强、泌蜜多；不同的植物对于土壤的酸碱度的反应和要求也不同。如野桂花、茶树等要求土壤的 pH 在 6.7 以上才能良好生长和正常开花泌蜜，而枝柳等则要求土壤的 pH 在 7.5～8.5 之间才能良好生长和正常开花泌蜜。多数农作物、果树蜜源适宜在 pH6.7～7.5 之间的土壤中生长。此外、土壤中的矿物质含量对植物开花泌蜜影响较大。例如，施用适量的钾肥和磷肥，能改善植物的生长发育、促进泌蜜。钾和磷对金鱼草和红三叶草的生长和开花及花蜜的产生等方面有重要作用，这两种元素适当平衡才能使花蜜分泌最好。硼能促进花芽分化和成花数量、提高花粉的活力、刺激蜜腺分泌花蜜、提高花蜜浓度等。

（6）病虫害　蜜源植物和其他生物一样，有时会患病和受虫害。在蜜源植物病虫害大发生的年份能给养蜂生产带来巨大的经济损失。因此，在选择蜜源场地时，要调查其长势和健康状况。定地饲养的蜂场，如遇蜜源植物受灾时，应及早转地，避灾争丰收。在防治蜜源植物病虫害时，注意防止蜜蜂农药中毒。

二、蜜粉源植物的种类

能分泌花蜜供蜜蜂采集的植物称蜜源植物，能分泌花粉供蜜蜂采集的植物称粉源植物。在养蜂实践中将蜜源植物和粉源植物通称为蜜粉源植物。根据泌蜜量、利用程度和毒性，可将蜜粉源植物分为主要蜜粉源植物、辅助蜜粉源植物和有毒蜜粉源植物。

第二节　主要蜜粉源植物

主要蜜粉源植物是指蜜蜂喜欢采集的数量多、分布广、花期长、泌蜜丰富、能够生产商品蜜的植物。

1. 油菜

油菜别名芸薹（见彩图 8-1），十字花科。我国油菜栽培面积约为 550 万公顷，分布区域广，几乎遍布我国各地。类型品种多，花期因地而异，花期较长，蜜粉丰富，蜜蜂喜欢采集，是我国南方冬春季和北方夏季的主要蜜源植物。

油菜为一年或两年生草本，茎直立。高 0.3～1.5m，总状花序，顶生或腋生，花一般为黄色，雄蕊外轮 2 枚短，内轮 4 枚长，内轮雄蕊基部有 4 个绿色蜜腺。其类型分三种，白菜型，如黄油菜；甘蓝型，如胜利油菜；芥菜型，如辣油菜。

流蜜适温 24℃左右，一般花期 1 个月。油菜开花期因品种、栽培期、栽培方式及气候条件等不同而异，同一地区开花先后顺序依次为白菜型、芥菜型、甘蓝型，白菜型比甘蓝型早开花 15～30 日。同一类型中的早、中、晚熟品种花期相差 3～5 日。油菜的适应性强，喜土层深厚、土质肥沃而湿润的土壤。它开花泌蜜适宜的相对湿度为 70%～80%，泌蜜适温为 18～25℃，一天中 7:00—12:00 开花数量最多，占当天开花数的 75%～80%。

开花早的可用来繁殖蜂群，开花晚的可生产大量商品蜜。南方某些地方如遇寒流或阴雨天多，会影响产量。油菜蜜浅黄色，易结晶，蜜质一般。

2. 刺槐

刺槐别名洋槐（见彩图 8-2），豆科。栽种面积大，分布区域广，全国种植面积约 114 万公顷，主要分布于山东、河北、河南、辽宁、陕西、甘肃、江苏、安徽、山西等地。刺槐为落叶乔木，高 12～25m。总状花序，花多为白色，有香气。

刺槐喜湿润肥沃土壤，适应性强，耐旱。花期 4～6 月，因生长地的纬度、海拔、局部小气候、土壤、品种等不同而异。花期约为 10～15 日，主要泌蜜期 7～10日。刺槐泌蜜量大，蜜多粉少，气温 20～25℃，无风晴暖天气，泌蜜量最大，每群意蜂一个花期的产蜜量可达 30～70kg。影响刺槐泌蜜的因素很多，主要有天气、地形、地势、土质、树龄、树型等，尤其是大风对泌蜜影响很大。

3. 柑橘

柑橘别名宽皮橘、松皮橘（见彩图 8-3），芸香科。分布区域广，现有 20 余个省区有栽培，面积约 6.3 万公顷。以广东、湖南、四川、浙江、福建、湖北、江西、广西、台湾等省区面积较大，其次是云南、重庆、贵州。其他省市栽培面积小。柑橘为常绿小乔木或灌木，花小，单生或成总状花序，少数丛生于叶腋，花为白色。

柑橘喜温暖湿润的气候，花期 2～5 月，因品种、地区及气候而异，花期约20～35 日，盛花期 10～15 日。气温 17℃以上开花，20℃以上开花速度快。泌蜜适宜温度 22～25℃，相对湿度 70%以上。5～10 龄树开花泌蜜量最大。开花前降水充足，花期间气候温暖，则泌蜜好。干旱期长、花期间雨量过多或遇低温、寒潮、北风，则泌蜜少或不泌蜜。正常情况下，花期内每群意蜂产蜜 10～30kg，有时可高达 50kg。蜜粉丰富。

4. 枣树

枣树别名红枣、大枣、白蒲枣（见彩图 8-4），属鼠李科。在我国数量多、分布广，主要分布于河北、山东、山西、河南、陕西、甘肃等省，其次为安徽、浙江、江苏等省，总种植面积约 43 万公顷。枣树为落叶乔木，高达 10m，花 3～5 朵簇生于脱落性（枣吊）的腋间，为不完全的聚伞花序，花黄色或黄绿色。

枣树耐寒力强，也耐高温，耐旱耐涝。开花期为 5 月至 7 月上旬，因纬度和海拔高度不同而异。日平均温度达 20℃时进入始花期，日平均气温 22～25℃以上时进入盛花期，连日高温会加快开花进程、缩短花期。阴雨和低温会延缓开花。群体花期长达 35～45 日，泌蜜期 25～30 日。气温 26～32℃，相对湿度 50%～70%，泌蜜正常；气温低于 25℃泌蜜减少，大气相对湿度 20%以下，泌蜜少、花蜜浓度高、蜜蜂采集困难。若开花前雨量充足，花期内有适当降雨，则泌蜜量大。雨水过多、连续阴雨天气或高温干旱、刮大风等对开花泌蜜不利。花期内每群蜂可产蜜

15～25kg，有时可高达 40kg。蜜多粉少。

5. 乌桕

乌桕别名桕子、木梓、木蜡树（见彩图 8-5），大戟科。主要分布于秦淮河以南的台湾、浙江、四川、重庆、湖北、贵州、湖南、云南，其次是江西、广东、福建、安徽、河南等。乌桕为落叶乔木，高 15～20m，穗状花序顶生。乌桕开黄绿色小花。

乌桕喜温暖、湿润气候，多数省份乌桕的开花期在 6～7 月，花期约 30 日。泌蜜适宜温度 25～32℃，当气温为 30℃、相对湿度 70% 以上时泌蜜最好；高于 35℃泌蜜减少，阴天气温低于 20℃ 时停止泌蜜。一天之中，9：00—18：00 泌蜜，以 13：00—15：00 泌蜜量最大。乌桕花期夜雨日晴，温高湿润，泌蜜量大；阵雨后转晴、温度高，泌蜜仍好；连续阴雨或久旱不雨则泌蜜少或不泌蜜。花期内每群蜂可产蜜 20～30kg，丰年可达 50kg 以上。蜜粉丰富。

6. 柿树

柿树别名柿子（见彩图 8-6），柿树科。分布广、数量多，河北、河南、山东、山西、陕西为主产区。柿树为乔木，高 15m，雌雄同株或异株，雌花为小聚伞花序，花黄白色。

柿树耐旱，适应性强。种植后 4～5 年开始开花，10 年后大量开花泌蜜。开花期在萌芽抽梢后约 35 日，要求平均气温在 17℃ 以上。山东、河南开花期为 5 月上中旬，花期 15～20 日。一朵花的开放期约 0.5 日，早晨开放，午后即凋谢。相对湿度 60%～80%，晴天气温达 28℃，泌蜜量最大。意蜂群产量可达 10～20kg，蜜多粉少，流蜜有大小年现象。

7. 荔枝

荔枝别名荔枝母、离枝、大荔，无患子科。原产于我国热带及南亚热带地区，全国种植面积约 7 万公顷。荔枝为常绿乔木，高 10～30m，双数羽状复叶、互生，小叶 2～8 对，长椭圆形或披针形，为混合型的聚伞花序圆锥状排列；花小、黄绿色或白绿色。有早、中、晚三大品种，主要分布于广东、福建、台湾、广西、四川、海南、云南、贵州。其中，广东、福建、台湾和广西的面积较大，是我国荔枝蜜的主产区。

荔枝喜温暖湿润的气候，在土表深厚、有机质丰富的冲积土上生长最好。开花期 1～4 月，群体花期约 30 日。主要流蜜期 10 日左右。荔枝在气温 10℃ 以上才开花，8℃ 以下很少开花，18～25℃ 时开花最盛，泌蜜最多。荔枝夜间泌蜜，温暖天气傍晚开始泌蜜；以晴天夜间暖和、微南风天气、相对湿度为 80% 以上，泌蜜量最大。若遇北风或西南风则不泌蜜。有大小年现象，大年每群意蜂可产蜜 10～25kg，丰年可达 30～50kg。蜜多粉少。

8. 龙眼

龙眼别名桂圆、圆眼、益智，无患子科，是我国南方亚热带名果，全国种植面积约 7.5 万公顷。龙眼为常绿乔木，树高 10～20m，双数羽状复叶、互生，小叶 2～6 对，长椭圆形或长椭圆状披针形；为混合型聚伞圆锥花序，花小、淡黄白色。主要分布于福建、广西、广东和台湾及四川、海南、云南、贵州等省区种植面积较小。

龙眼适于土层深厚而肥沃和稍湿润的酸性土壤，开花期为 3 月中旬至 6 月中旬，泌蜜期 15～20 日，品种多的地区花期长达 30～45 日，开花适温 20～27℃，泌蜜适温 24～26℃，在夜间暖和南风天气，相对湿度 70％～80％时泌蜜量最大。有大小年现象，正常年份群产 15～25kg，丰年可达 50kg 左右。蜜多粉少。

9. 荆条

荆条别名荆柴、荆子（见彩图 8-7），马鞭草科。华北是荆条分布的中心，主要产区有辽宁、河北、北京、内蒙古、山东、河南、安徽、陕西、甘肃、四川、重庆等。荆条为落叶灌木，高 1.5～2.5m，圆锥花序顶生或腋生，花冠淡紫色。

荆条耐寒、耐旱、耐瘠薄，适应性强。荆条开花期 6～8 月，主花期约 30 日。因生长在山区，海拔高度和局部小气候等不同，开花有先后。浅山区比深山区早开花。气温 25～28℃泌蜜量最大；夜间气温高、湿度大的"闷热"天气，次日泌蜜量大；一天中，上午泌蜜比中午多。花期内每群意蜂可产蜜 25～40kg。蜜多粉少。

10. 苕子

苕子别名兰花草子、巢菜、广东野豌豆，豆科。苕子种类多、分布广，我国约有 30 种，全国种植面积约 67 万公顷，主要分布于江苏、广东、陕西、云南、贵州、安徽、四川、湖南、湖北、广西、甘肃等省区，新疆、东北、福建及台湾等省区也有栽培。苕子为一年生或多年生草本，总状花序腋生，花冠蓝色或蓝紫色。

苕子耐寒、耐旱、耐瘠薄，适应性强。开花期为 3～6 月。因种类和地区不同，开花期也不尽相同。一个地方的花期 20～25 日。气温 20℃开始泌蜜，泌蜜适温 24～28℃。蜜、粉丰富，花期内每群意蜂产量可达 15～40kg。

11. 紫云英

紫云英别名红花草、草子，豆科，原产于我国中南部，每年种植面积约 800 万公顷。紫云英为一年或两年生草本，高 0.5～1m，伞形花序，腋生或顶生，花冠粉红色或蓝紫色，偶见白色。主要分布于长江中下游及南部省区，其中种植面积较大的有湖南、湖北、江西、安徽和浙江等省。

紫云英在湿润的沙土、重壤土、石灰质冲积土上泌蜜良好，开花期因地区、播种期和品种等不同而有差异，一般为 1～5 月。泌蜜期 20 日左右，早熟种花期约 33 日，中熟种约 27 日，晚熟种约 24 日。泌蜜适温为 20～25℃，相对湿度 75％～

85%，晴暖高温，泌蜜最大。花期内每群蜂产蜜 20～50kg。蜜多粉多。

12. 紫苜蓿

别名苜蓿、紫花苜蓿，豆科。是我国北方优良牧草，主要分布于黄河中下游地区和西北地区。全国栽培面积约 66.7 万公顷。以陕西、新疆、甘肃、山西和内蒙古面积较大，其次是河北、山东、辽宁、宁夏等地。

紫苜蓿为多年生草本植物，高 0.3～1m。总状花序，腋生，花萼筒状钟形，花冠蓝紫色或紫色。花粉粒近球形，黄色，赤道面观为圆形，极面观为 3 裂圆形。

紫苜蓿耐寒、耐旱、耐贫瘠，适应性强。开花期为 5～7 月，花期约 30 日。泌蜜适温为 28～32℃，花期内每群蜂产蜜量可达 15～30kg，高者可达 50kg 以上。蜜多粉少。

13. 椴树

椴树分为柴椴和糠椴。紫椴别名籽椴、小叶椴，椴树科。主要分布于长白山、完达山和小兴安岭林区，面积约 32 万公顷，主产区为黑龙江、吉林。紫椴为落叶乔木，高达 20 多米，聚伞花序，花瓣淡黄色。

紫椴喜凉温气候、耐寒，深根性的阳性树种。紫椴开花期为 7 月上旬至下旬，花期约 20 日；糠椴为 7 月中旬至 8 月中旬，花期为 20～25。两种椴树开花交错重叠，群体花期长达 35～40 日。大年和春季气温回升早而稳定的年份开花早，阳坡比阴坡开花早。泌蜜适温 20～25℃，高温高湿泌蜜量大。大年每群意蜂可产蜜20～30kg，丰年可达 100kg。

14. 大叶桉

大叶桉别名桉树，桃金娘科（见彩图 8-8）。主要分布于长江以南各省区，如广东、海南、广西、四川、云南、福建、台湾等地，湖南、江西、浙江和贵州等省区的南部地区也有种植。大叶桉为常绿乔木，高达 25～30m，伞形花序腋生。

大叶桉喜温暖、湿润气候。开花期 8 月中下旬至 12 月初。花期长达 50～60日，甚至更长，盛花泌蜜期 30～40 日。气温高、湿度大的天气泌蜜量大，花蜜浓度较低；寒潮低温、北风盛吹时泌蜜减少或停止。寒潮过后，气温上升至 15℃ 以上仍可恢复泌蜜，气温 19～20℃ 时，泌蜜最多。花期内每群蜂产蜜量可达 10～30kg。

15. 柠檬桉

别名留香久，桃金娘科。主要分布于广东、广西、海南、福建、台湾，其次是江西、浙江南部、四川、湖南南部、云南南部等。

柠檬桉为常绿乔木，幼叶 4～5 对、对生、具腺毛，叶柄盾状着生；成年叶互生，披针形或窄披针形或镰状。顶生或侧生圆锥花序，萼筒杯状，深黄色蜜腺贴生于萼管内缘。比较耐旱，适应性较强。

始花期，雷州半岛 11 月中旬，广州、南宁 12 月上旬，花期长达 80～90 日。

气温 18～25℃，相对湿度 80％以上泌蜜量最大。花期内每群蜂可产蜜 8～15kg。蜜多粉少。

16. 沙枣

别名桂香柳、银柳，胡颓子科。是我国西北地区夏季主要蜜源植物。沙枣为落叶乔木或灌木，高 5～15m，单叶互生，椭圆状披针形至狭披针形。蜜腺位于子房基部，花两性，1～3 朵腋生，黄色，花被筒钟形。主要分布于新疆、甘肃、宁夏、陕西、内蒙古等地。

沙枣是喜光、旱生树种，抗寒性极强，并耐寒冷、抗风沙。开花期为 5～6 月，花期长约 20 日。生长在地下水丰富、较湿润的地方，泌蜜量较大。花期内每群意蜂可产蜜 10～15kg，最高可达 30kg。蜜粉丰富。

17. 枇杷

别名卢橘，蔷薇科（见彩图 8-9）。主要分布于浙江、福建、江苏、安徽、台湾等省，为冬季主要蜜源。枇杷为常绿小乔木，叶呈倒卵圆形至长椭圆形，圆锥花序顶生，花白色，蜜腺位于花筒内周。花粉黄色，花粉粒长球形。

开花期 10～12 月，开花泌蜜期约 30～35 日，泌蜜适温 18～22℃，相对湿度 60％～70％，夜凉昼热、南方天气泌蜜多。花期内每群蜂可产蜜 5～10kg。

18. 向日葵

别名葵花、转日莲，菊科（见彩图 8-10）。主要产区是黑龙江、辽宁、吉林、内蒙古、新疆、宁夏、甘肃、河北、北京、天津、山西、山东等地区。种植面积 70 万～100 万公顷。

向日葵为一年生草本，高 2～3m，叶互生，宽卵形。头状花序，单生于茎顶，雌花舌状，两性花管状，花黄色。花粉深黄色，花粉粒长球形，赤道面观长球形，极面观为 3 裂圆形。

耐旱、耐盐碱、抗逆性强，适应性广。花期 7 月至 8 月中旬，主要泌蜜期约 20 日，气温 18～30℃时泌蜜良好。花期内每群意蜂可产蜜 15～40kg，最高可达 100kg。蜜粉丰富。

19. 山乌桕

山乌桕别名野乌桕、山柳、红心乌桕，属大戟科。广泛分布于南方热带、亚热带山区，主要分布地为江西、湖南、广东、福建、浙江、广西、云南、贵州等地山区。

山乌桕为落叶乔木或灌木，单叶互生或对生，椭圆或卵圆形。穗状花序顶生，密生黄色小花，苞片卵形，每侧各有一个蜜腺。花粉淡黄色，圆形或近圆形。

生于土层深厚、肥沃、含水丰富的山坡和山谷森林中。开花期因海拔、纬度、树龄、树势等不同而异，4 月中下旬形成花序，5 月中下旬开花。花期约 30 日，泌蜜期 20～25 日，泌蜜适温 28～32℃。花期内每群意蜂可产蜜 15～20kg，丰年可达 25～50kg。蜜粉丰富。

20. 棉花

全国大部分省区都有栽培，主要产区为黄河中下游地区和渤海湾沿岸，其次是长江中下游地区，其中山东、河北、河南、江苏和湖北面积较大。全国种植总面积约为 560 万公顷。

棉花为一年生草本，高 1～1.5m，单叶互生，掌状 3 裂，主脉 3～5 条，有蜜腺（见彩图 8-11）。花单生，小苞片 3 对、离生，有蜜腺；花萼杯状，花冠白色或淡黄色，后变淡红色或紫色。花粉黄色，球形。具散孔 5～8 个，外壁具刺状雕纹。开花期 7～9 月，花期长达 70～90 日，泌蜜适温 35～38℃。花期内每群意蜂可产蜜 10～30kg，高时达 50kg。泌蜜丰富。

21. 荞麦

我国大部分省区都有栽培，面积有 50 万～70 万公顷，主要分布在西北、东北、华北和西南。以甘肃、陕西、内蒙古面积较大，其次是宁夏、山西、辽宁、湖北、江西和云贵高原。

荞麦为一年生草本，高 0.4～1m，叶互生，叶片近三角形，全缘。花序总状或圆锥状，顶生或腋生，花白色或粉色。花粉暗黄色，花粉粒长球形，赤道面观为椭圆形，极面观为 3 裂圆形。耐旱、耐瘠，生育期短，适应性强。

开花规律大致是由北向南推迟，早荞麦多为 7～8 月，晚荞麦多为 9～10 月。花期长 30～40 日，盛花期约 24 日，泌蜜适温 25～28℃。花期内每群意蜂可产蜜 30～40kg，最高达 50kg 以上。蜜粉丰富。

第三节　辅助蜜粉源植物

辅助蜜粉源植物是指具有一定数量，能够分泌花蜜、产生花粉，被蜜蜂采集利用，供蜜蜂维持生活和繁殖用的植物。

辅助蜜粉源植物在我国分布区域很广，种类也很多。下面仅对一些重要的辅助蜜粉源植物做简单介绍。

1. 盐肤木

盐肤木别名五倍子树，漆树科。灌木或小乔木，单数羽状复叶互生，小叶卵形至长圆形。圆锥花序，萼片阔卵形，花冠黄白色。花期 8～9 月，蜜粉丰富。分布于华北、西北、长江以南各地。

2. 五味子

五味子别名北五味子，山花椒，木兰科。落叶藤本植物，雌雄同株或异株。花期5～6月，蜜粉较多。分布于湖南、湖北、云南东北部、贵州、四川、江西、江苏、福建、山西、陕西、甘肃等地。

3. 西瓜

西瓜别名寒瓜，葫芦科（见彩图8-12）。一年生蔓生草本植物，叶片3深裂，裂片又羽状或2回羽状浅裂。花雌雄同株，单生，花冠黄色。花期6～7月，蜜粉较多。全国各地都有栽培。

4. 黄瓜

黄瓜别名胡瓜，葫芦科（见彩图8-13）。一年生蔓生或攀缘草本，花黄色，雌雄同株。花期5～8月，蜜粉丰富。全国各地都有栽培。

5. 南瓜

南瓜别名香瓜、饭瓜，葫芦科（见彩图8-14）。一年生蔓生草本，叶大，圆形或心形。花雌雄同株，花冠钟状，黄色。花期5～8月，花粉丰富。全国各地广泛栽培。

6. 蒲公英

蒲公英别名婆婆丁，菊科（见彩图8-15）。多年生草本，花黄色，总苞钟状，顶生头状花序。花期3～5月，蜜粉较丰富，全国各地都有分布。

7. 益母草

益母草别名益母蒿，唇形科（见彩图8-16）。一年生或二年生草本，轮伞花序，花冠粉红色至紫红色，花萼筒状钟形。花期5～8月，蜜粉较丰富。全国各地都有分布。

8. 苹果

苹果为蔷薇科，落叶乔木，伞房花序、白色。花期4～6月，蜜粉丰富。主要分布于辽东半岛、山东半岛、河南、河北、陕西、山西、四川等省区。

9. 金银花

金银花别名忍冬、双花，忍冬科（见彩图8-17）。野生藤本，叶对生，花初开白色，外带紫斑，后变黄色，花筒状成对腋生。花期5～6月，泌蜜丰富。分布于全国各地。

10. 萱草

萱草别名金针菜、黄花菜，百合科（见彩图8-18）。多年生草本，花黄色，花冠漏斗状。花期6～7月，蜜粉丰富。分布于河北、山西、山东、江苏、安徽、云南、四川等省区。

11. 草莓

草莓别名高丽果，蔷薇科（见彩图 8-19）。多年生草本，花冠白色，聚伞花序，花期 5～6 月，全国各地都有栽培。

12. 玉米

玉米别名苞米，禾本科（见彩图 8-20）。一年生草本，栽培作物。异花授粉，花粉为淡黄色。全国各地广泛分布，主要分布于华北、东北和西南。春玉米 6～7 月开花，夏玉米 8～9 月上旬开花。花期一般 20 日。单群采粉量 100g 左右。

13. 马尾松

马尾松为松科（见彩图 8-21），长绿乔木。马尾松、白皮松、红松等都具有丰富的花粉。花期 3～4 月，在粉源缺乏时，蜜蜂多集中采集松树花粉。除了繁殖、食用外，也可生产蜂花粉。主要分布于淮河流域和汉水流域以南各地。

14. 油松

油松别名红皮松、短叶松，松科，长绿乔木。穗状花序，花期 4～5 月，有花蜜和花粉。主要分布于东北、山西、甘肃、河北等省。

15. 杉木

杉木别名杉，杉科，长绿乔木。花粉量大，花期 4～5 月。主要分布于长江以南和西南各省区，河南桐柏山和安徽大别山也有分布。

16. 钻天柳

钻天柳别名顺河柳，杨柳科。落叶乔木，柔荑花序，雌雄异株。花期 5 月，蜜粉较多。广泛分布于全国各地。

17. 胡桃

胡桃别名核桃，胡桃科。落叶乔木，柔荑花序，雌雄异株。花期 3～4 月，花粉较多。全国各地都有分布。

18. 鹅耳枥

鹅耳枥别名千斤榆、见风干，桦木科。落叶灌木或小乔木，单叶互生，卵形至椭圆形。花单性，雌雄同株，柔荑花序。花期 4～5 月，花粉丰富。分布于东北、华北、华东、陕西、湖北、四川等地区。

19. 白桦

白桦别名桦树、桦木、桦皮树，桦木科。落叶乔木，树皮白色。花单性，雌雄同株，柔荑花序。花期 4～5 月，花粉较丰富。主要分布于东北、西北、西南各地。

20. 鹅掌楸

鹅掌楸别名马褂木，木兰科。落叶乔木，花被 9 片，内面淡黄色，雄蕊多数。

花期 4～6 月，蜜粉较多。分布于长江以南各省。

21. 柚子

柚子别名抛栗，芸香科（见彩图 8-22）。常绿乔木，花大，白色。花单生或数朵簇生于叶腋，花期 5～6 月，蜜粉丰富。主要分布于福建、广西、云南、贵州、广东、四川、江西、湖南、湖北、浙江等地。

22. 楝树

楝树别名苦楝子、森树，楝科。落叶乔木，花紫色或淡紫色，圆锥花序腋生，花期 3～4 月，蜜粉较多。分布于华北、南方各地。

23. 枸杞

枸杞别名仙人仗、狗奶子，茄科（见彩图 8-23）。蔓生灌木，花淡紫色，花腋生，花萼钟状，花冠漏斗状。花期 5～6 月，泌蜜丰富。分布于东北、宁夏、河北、山东、江苏、浙江等地。

24. 板栗

板栗别名栗子、毛栗，壳斗科（见彩图 8-24）。落叶乔木，花呈浅黄绿色，雌雄同株，单性花，雄花序穗状，直立，雌花着生于雄花序基部。花期 5～6 月，花期 20 多天，花粉丰富。在全国各地广泛分布。

25. 中华猕猴桃

中华猕猴桃别名猕猴桃、羊桃、红藤梨，猕猴桃科（见彩图 8-25）。藤本，花开时白色，后转为淡黄色，聚伞花序，花杂性，花期 6～7 月，蜜粉较多。分布于广东、广西、福建、江西、浙江、江苏、安徽、湖南、湖北、河南、陕西、甘肃、云南、贵州、四川等地。

26. 李

李别名李子，蔷薇科（见彩图 8-26）。小乔木，花冠白色，萼筒钟状。花期 3～5 月，蜜粉丰富。全国各地都有分布。

27. 樱桃

樱桃为蔷薇科。乔木，3～6 朵成伞形花序或有梗的总状花序。花期 4 月，蜜粉多。全国各地都有分布。

28. 梅

梅别名干枝梅、酸梅、梅子，蔷薇科。落叶乔木，少有灌木，花粉红色或白色，单生或 2 朵簇生。花期 3～4 月，蜜粉较多。分布于全国各地。

29. 杏

杏别名杏子，蔷薇科。落叶乔木，花单生，白色或粉红色。花期 3～4 月，蜜粉较多。全国各地都有分布。

30. 山桃

山桃别名野桃、花桃，蔷薇科。落叶乔木。花粉红色或白色，单生，花期3~4月，蜜粉丰富。分布于河北、山西、山东、内蒙古、河南、陕西、甘肃、四川、贵州、湖北、江西等地。

31. 锦鸡儿

锦鸡儿别名拧条，豆科。小灌木。花单生，花萼钟状，花冠黄色。花期4~5月，蜜粉丰富。分布于河北、山西、陕西、山东、江苏、湖北、湖南、江西、贵州、云南、四川、广西等地。

32. 沙棘

沙棘别名酸刺、醋柳，胡颓子科。落叶乔木或灌木，花淡黄色，雌雄异株，短总状花序生于前一年枝上。花期3~4月，蜜粉丰富。分布于四川、陕西、山西、河北等地。

33. 合欢

合欢别名绒花树、马缨花，豆科（见彩图8-27）。落叶乔木，花淡红色，头状花序，呈伞房状排列，腋生或顶生。花期5~6月，蜜粉较多。分布于河北、江苏、江西、广东、四川等地。

34. 栾树

栾树别名木栾、栾华等，无患子科。落叶乔木，花淡黄色，中心紫色，圆锥花序顶生，花期6~8月，花粉丰富。分布于东北、华北、华东、西南、陕西、甘肃等地。

35. 榆

榆别名家榆、白榆，榆科。落叶乔木，花粉为紫黑色，花期3~4月。分布东北、华北、西北、华东等地。同属种类若干种，都是较好的粉源植物。

36. 葱

葱别名大葱，百合科（见彩图8-28）。多年生草本，叶基生，圆柱形。伞形花序，花冠钟状，白色。花期南方3~4月，北方5~6月，泌蜜丰富。全国各地均有分布。

37. 韭菜

韭菜百合科（见彩图8-29）。多年生草本，叶扁平，狭线形。伞形花序，花白色或略带红色。花期在东北地区为7~8月，泌蜜丰富。全国各地都有分布。

38. 萝卜

萝卜别名莱菔，十字花科（见彩图8-30）。两年生或一年生作物，基生叶和下部叶大头羽状分裂，总状花序顶生，花白色或淡紫色。花期南方1~2月，北方4~

6 月，蜜粉丰富。全国各地都有栽种。

39. 莲

莲别名荷、荷花，睡莲科（见彩图 8-31）。多年生水生草本，叶片圆形，花单生于梗顶端，花大，红色、粉红或白色，雄蕊多数。花期 6～10 月，花粉丰富。全国各地都有栽培，以南方为主。

40. 柳兰

柳兰别名山棉花，柳叶菜科（见彩图 8-32）。多年生直立草本植物，单叶互生，长披针形。总状花序顶生，花两性，粉红色。花期 7～8 月，泌蜜丰富。分布于东北、华北、西北和西南各省。

41. 甘薯

甘薯别名地瓜，旋花科。多年生草质藤本植物，聚伞状花序，花色多种，花冠漏斗状或钟状。花期 10～12 月，蜜粉丰富。全国各地普遍栽培。

42. 紫苏

紫苏别名苏子，唇形科（见彩图 8-33）。一年生草本植物，叶阔卵圆形。轮伞花序 2 花，组成顶生和腋生的假总状花序，花冠白色至紫色。花期在东北地区为 8 月上旬至下旬，开花泌蜜长达 20 多天，蜜粉丰富。全国各地都有栽培，以东北、西北为多。

第四节　有毒蜜粉源植物

有些蜜粉源植物所产生的花蜜或花粉能使人或蜜蜂出现中毒症状，这些蜜粉源植物被称为有毒蜜粉源植物。

蜜蜂采食有毒蜜粉源植物的花蜜和花粉，会使幼虫、成年蜂或蜂王发病、致残或死亡，给养蜂生产造成损失；人误食蜜蜂采集的某些有毒蜜粉源植物的蜂蜜或花粉后，会出现低热、头晕、恶心、呕吐、腹痛、四肢麻木、口干、食道烧灼痛、肠鸣、食欲不振、心悸、眼花、乏力、胸闷、心跳急剧、呼吸困难等症状，严重者可导致死亡。

毒蜜大多呈琥珀色，少数呈黄、绿、蓝、灰色，有不同程度的苦、麻、涩味。大部分有毒蜜粉源植物的开花期在夏秋季节，养蜂场选址时应远离有毒蜜粉源植物的分布地。

1. 雷公藤

雷公藤别名黄蜡藤、菜虫药、断肠草，为卫矛科藤本灌木（见彩图 8-34）。分布于长江以南各省、自治区以及华北至东北各地山区。湖南省为 6 月下旬开花、云南省为 6 月中旬至 7 月下旬开花。泌蜜量大，花粉为黄色，扁球形，赤道面观为圆形，极面观为 3 裂或 4 裂（少数）圆形。若开花期遇到大旱，其他蜜源植物少时，蜜蜂会采集雷公藤的蜜汁而酿成毒蜜。蜜呈深琥珀色，味苦而带涩味。

2. 黎芦

黎芦别名大黎芦、山葱、老旱葱，为百合科多年生草本植物。主要分布于东北林区，河北、山东、内蒙古、甘肃、新疆、四川也有分布。花期在东北林区为 6~7 月。蜜粉丰富。花粉椭圆形，赤道面观为扁三角形，极面观为椭圆形。蜜蜂采食后发生抽搐、痉挛，有的采集蜂来不及返巢就死亡，并能毒死幼蜂，造成群势急剧下降。

3. 紫金藤

紫金藤别名大叶青藤、昆明山海棠，卫矛科藤本灌木。主要分布于长江流域以南至西南各地。开花期 6~8 月，花蜜丰富。花粉粒呈白色，多数为椭圆形。全株剧毒，花蜜中含有雷公藤碱。

4. 苦皮藤

苦皮藤别名苦皮树、马断肠，卫矛科藤本灌木。主要分布于陕西、甘肃、河南、山东、安徽、江苏、江西、广东、广西、湖南、湖北、四川、贵州、福建北部、云南东北部等地。开花期为 5~6 月份，花期 20~30 日。粉多蜜少，花粉呈灰白色，花粉粒呈扁球形或近球形。全株剧毒，蜜蜂采食后腹部胀大，身体痉挛，尾部变黑，喙伸出呈钩状死亡。

5. 钩吻

钩吻别名葫蔓藤、断肠草，马钱科常绿藤木。主要分布于广东、海南、广西、云南、贵州、湖南、福建、浙江等地。开花期为 10~12 月份至次年 1 月，花期长达 60~80 日，蜜粉丰富，全株剧毒。

6. 博落回

博落回别名野罂粟、号筒杆，罂粟科多年生草本。主要分布于湖南、湖北、江西、浙江、江苏等省。花期 6~7 月，蜜少粉多。花粉粒呈灰白色，球形。蜂蜜和花粉对人和蜜蜂都有剧毒。

第九章

蜂产品的主要功效及其生产加工技术

近年来，随着国民经济的快速发展，蜂产品已成为深受广大消费者青睐的绿色保健滋补品。蜂产品加工业已经成为一个与养蜂业息息相关的高附加值产业，认识及掌握各类蜂产品的主要功效、加工技术不仅能够提高广大消费者对我国蜂产业的认识与信心，也能显著提高我国蜂产品企业的生产水平，加工生产出更多优质的特色蜂产品。

第一节　蜂蜜

蜂蜜是消费者认识最深且产量最高的蜂产品，目前除直接食用外，蜂蜜已广泛用于食品、化工及日化等多个行业，并作为重要的保健成分添加到多种功能性产品中。蜂蜜是指由蜜蜂采集植物的花蜜、分泌物或蜜露，与自身分泌物混合后，经过充分酿制而成的一种具有芳香气味的甜溶液。

一、蜂蜜的主要成分与理化性质

蜂蜜（图9-1）是一种复杂的天然物质，已知的化学成分约有20余种，糖类成分占70%左右，水分约占20%，是一种高度复杂的糖类饱和溶液。其主要成分包括水、糖类、氨基酸、维生素以及多种活性酶。蜂蜜具有极强的吸湿性，它能够吸收空气中的水分，直到蜂蜜的含水量在17.4%时达到平衡。蜜蜂采集不同植物的花蜜，能够生产出不同性质、不同成分的蜂蜜，其中色、香、味的差异较大，蜂蜜的色泽及香气随着蜜源植物种类的不同存在很大差异，不同品种的蜂蜜往往拥有其独特的风味及口味，在感官评价方面也具有很大的不同。

图 9-1　蜂蜜（刘佳霖　摄）

1. 化学成分

（1）水分　水分约占蜂蜜的 20％左右，是评价蜂蜜品质的关键指标。天然成熟蜜是经蜜蜂充分酿造的蜂产品，其水分含量显著低于非成熟蜜。通常成熟蜜的水分含量在 17％左右，但根据南北方不同的气候条件，成熟蜜的含水量也会存在不同，但是最高不会超过 21％。成熟蜂蜜由于较低的含水量，因此具有一定的抗菌性能，不易发酵。在常温下，含水量超过 25％的蜂蜜容易发酵，不易于保存。水分含量是评价蜂蜜品质的一项重要指标，它对蜂蜜的吸湿性、黏滞性、结晶性和贮藏条件都有着直接的影响，生产中通常采用阿贝折射仪测定蜂蜜中的含水量。蜂蜜含水量的标示方法有很多，有的用百分比含量标示，我国市场通常采用波美度来描述蜂蜜的含水量。

（2）糖类　糖是蜂蜜中含量最高的物质，约为鲜重的 70％～80％，主要包括果糖、葡萄糖、麦芽糖、棉子糖、曲二糖、松三糖等单糖、双糖及多糖。其中葡萄糖为 33％～38％，果糖 38％～42％，蔗糖 5％以下，蜂蜜中果糖和葡萄糖的相对比例对其结晶性具有较大的影响，葡萄糖相对含量高的蜂蜜容易结晶，例如油菜蜜。蜂蜜中丰富的单糖物质是其易被人体吸收的重要原因。通常，成熟蜜经过蜜蜂充分的酿造，蜂蜜中的糖与蜜蜂分泌的淀粉酶、葡萄糖氧化酶及转化酶充分反应，促使其单糖含量显著提高，易于被人体消化吸收。

（3）氨基酸　氨基酸在蜂蜜中的含量较少，占 0.1％～0.78％，其中主要的氨基酸为赖氨酸、组氨酸、精氨酸、苏氨酸等 17 种氨基酸。蜂蜜中含有的氨基酸种类很多，然而因蜂蜜品种、贮存条件及生产时间的不同，其含量比及种类也有较大差别。一般蜂蜜中的氨基酸主要来源于花蜜。

（4）维生素　蜂蜜中含有多种人体必需的维生素，如维生素 B_1、维生素 B_2、维生素 B_6、维生素 C、烟酸及叶酸等。蜂蜜中的维生素含量受其花粉含量的影响，当采用过滤的方法将蜂蜜中的花粉去除时，蜂蜜将失去大部分的维生素。

（5）矿物质　矿物质约占蜂蜜的 0.17%，该含量与人体血液中的矿物质含量相似，有利于人体对蜂蜜中矿物质的吸收，使蜂蜜能够很快缓解人体疲劳，增强体质。蜂蜜中主要含有钾、钠、钙、镁、硅、锰、铜等微量元素，这些元素可以维持血液中的电解质平衡，调节人体新陈代谢，促进生长发育。不同品种蜂蜜的矿物质含量存在较大的差异，这主要与植物的种类有关。

（6）酸　蜂蜜中含有丰富的酸类物质，主要包括有机酸和无机酸等。其中有机酸主要有柠檬酸、醋酸、丁酸、苹果酸、琥珀酸、甲酸、乳酸、酒石酸等；无机酸主要为磷酸及盐酸。这些酸是影响蜂蜜 pH 值的重要因素，并具有特殊的香气，在贮藏过程中也能够降低维生素的分解速率。

（7）酶类　蜂蜜中含有多种人体所需的酶类，这些酶往往具有较强的生物活性，同时也是蜂蜜保健功能的主要活性物质。例如淀粉酶、氧化酶、还原酶、转化酶。其中含量最多的为转化酶，这种酶能够将花蜜中的蔗糖转化为葡萄糖。此外，淀粉酶对热不稳定，在常温下贮存 17 个月，淀粉酶的活性将失去一半，故淀粉酶活性也是衡量蜂蜜品质的一种重要指标。过氧化氢酶有抗氧化的作用，可以防止机体老化及癌变。食用蜂蜜时注意不能使用开水，通常使用温水或者凉水，高温会破坏蜂蜜中大部分活性酶类，减少蜂蜜的营养成分，并影响蜂蜜的滋味和色泽。

2. 理化性质

新鲜蜂蜜呈浓稠、均匀浆状，其颜色、气味与滋味根据蜜源物质的不同存在较大的差异，通常为无色至褐色，并带有蜜源植物特殊的香气，味甜。品质较差的蜂蜜常带有苦味、涩味、酸味或臭味。当温度低于 10℃ 或放置时间过长时，很多蜂蜜会由糖浆状液体转化为不同程度的结晶体，例如油菜蜂蜜、荆条蜂蜜和椴树蜂蜜等。

通常蜂蜜的相对密度、缓冲性及黏滞性与其含水量存在很大的关系。含水量为 23%～17% 的蜂蜜，其相对密度为 1.382～1.423。蜂蜜含水量越高，其缓冲性及黏滞性越低。

结晶是蜂蜜最重要的物理特征，也是蜂蜜生产与加工中面临的最艰巨的问题。蜂蜜是葡萄糖的饱和溶液，在适宜条件下，小的葡萄糖结晶核不断增加、长大，便形成了结晶状，缓缓下沉，在温度为 13～14℃ 时能加速结晶过程。然而蜂蜜含有几乎与葡萄糖等量的果糖以及糊精等胶状物质，十分黏稠，能延缓结晶的过程。蜂蜜较之其他过饱和溶液稳定。

蜂蜜结晶的趋向决定于结晶核多少、含水量高低、贮藏温度及蜜源种类。凡结晶核含量多的蜂蜜，结晶速度快，反之，结晶速度慢。含水量低的蜂蜜，因溶液的过饱和程度低，就不容易结晶或仅出现部分结晶。将蜂蜜贮藏于5～14℃条件下，不久即产生结晶，低于5℃或高于27℃可以延缓结晶；已经结晶的蜜加热到40℃以上，便开始液化，当加热的温度和时间超过70℃、30min，液化的蜂蜜不再结晶。来自不同蜜源种类的蜂蜜，因为化学成分不同，在结晶性状上存在明显差异。

通常蜂蜜含葡萄糖结晶核多、密集，且在形成结晶的过程中很快地全面展开，呈油脂状；若结晶核数量不多，结晶速度不快，就形成细粒结晶；结晶核数量少，结晶速度慢，则出现粗粒或块状结晶。无论是哪一种形态的结晶体，实际上都属于葡萄糖与果糖、蔗糖及蜂蜜中其他化合物的混合物。

容器中的蜂蜜由液态向晶态转变时，常发生整体结晶与分层结晶两种现象。一般地说，成熟的蜂蜜由于黏度大，结晶粒形成之后，在溶液中的分布相对比较均匀，因此就出现了整体结晶。含水量偏高的蜂蜜，因黏度小，产生的结晶核很快沉入容器底层，形成了上部液态而下部晶态的分层状况。这种部分结晶的蜂蜜，因为葡萄糖晶体中只含有9.1％的水分，于是其他未结晶部分的含水量相应增加，因此，很容易发酵变质。如果蜂蜜在结晶过程中伴随着发酵作用，则由此产生的CO_2气体会将晶体顶向上方。

蜂蜜的自然结晶纯属物理现象，并非化学变化，因此对其营养成分和食用价值毫无影响。结晶蜜不容易变质，便于贮藏和运输。但是，盛于小口桶的蜜结晶以后，很难倒桶，会给质量检验、加工和零售增加麻烦。瓶装蜜如果出现结晶，不仅有损于外观，还会使消费者产生"糖蜜"的疑虑。

为防止蜂蜜结晶，可将其用蒸汽加热至77℃保持5min，然后快速冷却，或者使用9kHz的高频率声波处理15～30min，也可以起到抑制蜂蜜结晶的作用。

二、蜂蜜的主要功效

（1）抑菌作用　蜂蜜的抑菌作用的原理可以归结为3个方面：第一，蜂蜜高渗透压、高黏稠性及高酸度等物理特性使蜂蜜发挥抗菌作用；第二，葡萄糖氧化酶分解蜂蜜中的葡萄糖产生的过氧化氢具有天然的抑菌活性；第三，酚类化合物、黄酮类、香豆素类和挥发性物质等非过氧化物对微生物具有一定的抑制作用。

（2）抗氧化活性　蜂蜜的抗氧化活性主要与酚酸类、黄酮类、氨基酸以及美拉德产物的含量有关。一般认为，蜂蜜抗氧化活性主要与酚酸类多酚化合物有关。

（3）促进组织再生、治疗创面　蜂蜜可通过提供创面营养、控制创面感染、抗炎、清除坏死组织、调节创面愈合相关细胞因子等多条途径促进创面愈合。蜂蜜敷料作为非抗生素类的治疗药物已成为慢性感染性伤口处理的有效措施。

（4）润肺止咳　我国民间流行使用蜂蜜用于缓解儿童咳嗽，例如将猪油与蜂蜜熬制成的蜂蜜猪油膏，以及蜂蜜与白萝卜、枇杷、百合炼制成的镇咳制剂，对儿童咳嗽都有较好的缓解作用。

（5）润肠通便　蜂蜜对胃肠功能具有调节作用，可使胃酸分泌正常，使胃痛及胃烧灼感消失，增加红细胞及血红蛋白数量；能增强肠蠕动，可显著缩短排便时间。多项研究表明，蜂蜜能改善便秘的机制主要与其富含果糖有关。

（6）保护心血管　蜂蜜富含维生素，具有抗氧化活性和抗菌活性、具有双向调节血压和血糖的作用、能够促进肝脏的脂肪代谢，进而发挥保护心血管的作用。

三、蜂蜜的生产

1. 蜂蜜生产的管理原则

在蜂蜜生产时，我们需要加强对蜂群的管理，在保证蜂蜜产量的同时，也需要进一步提高蜂蜜的品质，蜂蜜生产的管理原则如下。

（1）蜂蜜的主要生产季节与主要蜜源植物的大流蜜期一致，同时该时期也是蜂群发展和繁殖的重要阶段，必须要处理好生产与蜂群繁殖之间的关系，充分调动蜂群的采集活力，生产高品质的蜂蜜。正确处理好生产与繁殖的关系，是保证蜂群高产、稳产的关键，需要避免因为蜂群繁殖而造成蜜蜂产量的降低。采用"强群取蜜，弱群繁殖"、"新王群取蜜，老王群繁殖""单王群取蜜，双王群繁殖"的原则。保持蜂群处于积极的工作状态，既可消除分蜂热，又能及时取蜜，提高产量。

（2）生产蜂蜜需要提前组织强群进行生产，一般应在流蜜期前发展群势，流蜜中期补充蛹脾，维持群势；流蜜后期要调整蜂群，抓紧蜂群的恢复及繁殖工作。流蜜期为蜂产品生产的关键时期，流蜜期蜂群管理好坏直接影响养蜂效益的高低，"做好准备，打好基础"是保证蜂产品高产的重要原则之一。

（3）根据花期长短，处理采集与繁育关系。不同的蜜源植物，其花期存在很大的差异。对于时间短、蜜量足的主要流蜜期，应使用隔王板限制蜂王产卵，减少蜂王巢内活动，维持蜂群较高的采集效率，以提高蜂蜜的产量。若流蜜期时间长或与下一个流蜜期相隔较短，就应尽力为蜂王产卵提供条件，使蜂群能够长时间的保持较好的群势，获得稳定的蜂群采集力。如果长途转地或连续的追花夺蜜，则应将采集花蜜与蜂群繁殖结合到一起，维持蜂群的长时间稳定，并不断发展蜂群的采集力量。

2. 蜂群流蜜期前及流蜜期的管理

（1）提前培育采集蜂，提高蜂群采集积极性，提升蜂群采集能力　采集蜂是否适龄对蜂蜜产量的影响较大，在流蜜期前出房的大量工蜂，不但不能参加采蜜，还需要消耗大量的蜂蜜，对于流蜜时间短的蜜源，则不能提高产量。蜂群内不同日龄的蜜蜂组成完整时，在大流蜜期，5日龄的工蜂就能出巢参与采集活动，但采集力最强的是17日龄左右的工蜂，若以出房后10日作为开始进入适龄采集期进行计算，再加上前面的发育期及巢内工作期，一般培育适龄采集蜂至少需要在流蜜期前

31 日开始，直到流蜜期结束前一个月结束。由于每天培育出新蜂的数量有限，还需要加上半个月的累积期，因此在大流蜜期前 46 日开始培育采集蜂。

（2）提前组织强群，提高蜂群蜂子比例　流蜜期前 10～15 日就需要组织强群采蜜，把要出房的封盖子、幼虫脾、花粉脾放到巢箱内，必要时可以增加一个空脾。子脾放于蜂箱中部，粉脾靠边，一般巢箱放 7～8 脾作为繁殖区，巢箱上放置隔王板，限制蜂王于巢箱内产卵，隔王板上部加空继箱，作为贮蜜区，将刚封盖的子脾提上继箱。蜂群较强、蜜蜂较密厚的子脾和空脾相间排列，蜂群群势弱、蜜蜂较稀少的子脾集中摆放，放脾数量根据蜂群群势决定，以保持蜂脾相称或脾少于蜂为宜。采蜜强群一般要求有 14 足框的蜜蜂，3～4 足框的封盖子，1～3 足框幼虫脾，这样的蜂群采集能力强，也能维持较长时间的良好群势。如果不能达到上述要求，可以从辅助群、交尾群或强群中抽取封盖子补充，使新蜂出房后能够达到上述标准。同一群蜂，以千克计的蜜蜂数和以足框计的子脾数的比值叫做蜂子比。在子脾数量不变的情况下，蜂子比值随着蜂群群势的增加而上升，在群势不变的情况下，蜂子比又随着子脾数量的减少而减少。蜂子比越大，蜂群的巢内工作就越少，工蜂负担的子脾也相应减少，外出的采集蜂就越多，采集能力也随之提高。因此，在流蜜期前，需要提高蜂子比，这是提高蜂蜜产量的一种重要措施。

（3）优选采蜜能力强的蜜蜂品种，从蜂种性能方面提高采集能力　经过良种选育的蜜蜂往往具有比亲代更强的优势，在生产上能够增强蜂蜜或其他蜂产品的产量。饲养意大利蜜蜂可以适当引进少量的美国意大利蜜蜂纯种王，并用他的卵或幼虫培育出处女王与原场雄蜂交配，再用交配后的蜂王去调换原群的蜂王，争取一批换完，若新王不够，应接着再育一批。要求在第一批新王产卵后的 36 日换王成功，再把剩下的原王，除留下 2 只最好的做种外，全部调换。换王后 2 个月，原蜂群就变成了由杂种一代工蜂组成的新蜂群。第二年可以用留下的 2 只意大利蜜蜂蜂王作母群，移卵育王，利用原场美国意大利蜜蜂的雄蜂杂交，重新培育出中国意大利蜜蜂和美国意大利蜜蜂的杂交品种，并用这种新的蜂王把全场的蜂王换完，以维持蜂群较高的采集活力。一般而言，该方法的优势主要集中在杂交一代上。

（4）充分做好蜂群取蜜前的工作，取蜜时间要合理　提前组织强群，以便在大流蜜期发挥巨大的生产性能，一般情况下一个强群每天可以采集几千克到十几千克的花蜜，这些花蜜需经过蜜蜂充分酿造才能成为蜂蜜，因此应增加蜂箱内蜂蜜的贮存空间，加快水分的挥发速度。扩大蜂路能够促进脾与脾之间的空气流通，加强通风，有利于水分蒸发，同时也便于加高巢房，增加贮蜜空间。除此之外，还可以开大巢门，把纱盖上的保温草垫或覆布掀起一部分，这样有利于空气的流动，降低巢内的湿度，加快花蜜表面水分的挥发，在进蜜量大的时候，还应适当加入贮蜜脾，对提高蜂蜜的产量与质量十分有效。

流蜜开始后的第一次取蜜一定要早，主要原因是这些蜜中含有原巢的老蜜，取出后要与新鲜蜂蜜分开贮存，这一工作被称为清脾。此后取的蜜，就属于所采集蜜

　蜜蜂高效养殖技术

源的单一品种的蜂蜜，这种蜜的质量高，在市场上能够获得较好的价格。取蜜的时间应该在蜜蜂出巢前完成，蜂群多工作量大，可以分两个早上进行，并做到只取继箱的蜂蜜，不取巢箱的蜂蜜。继箱蜂蜜取完后，蜜蜂会把巢箱内的蜜转移到继箱中去，这样既能减少对蜂群的干扰、提高蜂蜜的浓度、加快取蜜的速度，也可以刺激工蜂的采集行为。

（5）使用成熟蜜生产技术生产高品质蜂蜜　成熟蜂蜜具有较好的品质，同时还能够长时间保存。蜂箱、巢脾多的养蜂场，可以采用多增加继箱的方法生产成熟蜜，该方法为在原继箱上的蜜装满后，就把它撤下，在巢箱上另外加一个放有空脾的第二继箱，再把原继箱叠到新加的继箱上面，待第二箱继箱存满蜂蜜时，原继箱的蜂蜜已经趋于成熟，可以收取，若蜂蜜未成熟，可以在第二继箱的下面再增加第三继箱。原继箱取完蜜后，再加到巢箱上，子脾和王浆框移入原继箱内，第三、第二继箱再叠在原继箱上，如此循环，可以获得成熟蜜。这样的方法适用于西蜂养殖场生产高品质的成熟蜜。

（6）处理好流蜜期蜂群繁殖和蜂蜜生产的关系　在流蜜期的前中期，蜂农对蜂群的管理有两个主要任务，即取得更多的蜂蜜以及发展蜂群为下一个流蜜期做准备，维持蜂群群势，使后面的花期也能够取得好的效益。这两个任务存在一定的矛盾，一般需要结合蜜源植物的开花泌蜜情况和当地的环境生态进行调整，以提高产量为目的，正确处理蜂群繁殖与蜂蜜生产的关系。当流蜜期长达 1 个月以上或 40日后还有主要蜜源流蜜，且下一个蜜源稳产时，就要在夺取这期高产的同时，又要为下一个蜜源培养适龄的采集蜂。将生产与繁殖结合起来，巢箱内放 7 脾，继箱内放 4~6 脾。如果本流蜜期过后 40 日内无主要蜜源，本期天气良好，能稳产高产的，就要限制蜂王产卵，继箱内放 4~6 个脾，或用 3 框隔王板限制蜂王产卵，不调巢脾，减少子脾，增强生产的能力。实践证明，影响采蜜力的主要因素为蜂子比值，当蜂子比在 0.3 以下时，蜂群内工蜂对子脾的负担过重，基本上失去生产能力；当蜂子比在 0.3~0.6 时，蜂群具有一般的生产能力；当蜂子比在 0.6~0.9时，蜂群具有较强的生产能力；当蜂子比大于 0.9 时，则具有很强的生产能力。弱群和交尾群也是如此。但是为了培养接替蜂和保持主要流蜜期后仍可以生产，限制也不能太死，仍需要维持 3~4 脾的幼虫。如果群势很强盛，子脾数量可以适当增加 1~2 脾，这样对长时间稳定蜂群十分有利。

3. 蜂群取蜜的管理

（1）集中力量取蜜　在主要的大流蜜期间，应集中一切力量使蜂群内的采集蜂采集花蜜，巢内的工蜂酿造蜂蜜或蜂王浆，使蜂群在主要流蜜期内获得蜜、浆的高产。为减轻流蜜期巢内工作的负担，一般在流蜜期前就需要把蜂王控制起来，限制其在巢内产卵，到流蜜盛期把蜂王释放，或采用处女王群采蜜，可以增加流蜜期短的蜜源植物的采集量。但是这样的方法只适宜在少量的蜂群中应用，这也不宜在秋季的晚期进行，以免因为气候的影响而造成处女王不能按期交配、产卵，或导致处女王不能交配，甚至死亡。也可以采用空脾换出生产群的一部分幼虫脾，放到副群里，从而减轻生产群的内勤负担，提高采蜜量，待幼虫脾封盖后再放入生产群，以免生产群到流蜜的后期群势迅速下降。在流蜜开始前，可以进行适当的奖励性饲喂。

（2）保持通风，注意遮荫　在流蜜期期间，要做好蜂箱通风和遮荫的工作，例如扩大蜂路、开大巢门、掀开覆布一角等，以利于蜂箱内蜂蜜的水分快速蒸发，减轻蜜蜂酿造的工作量；在炎热的夏季，更要注意遮荫，可以用遮阳板、树枝等盖在蜂箱上，并使遮荫物向蜂箱的前面突出，尽量使阳光不能直接照射到巢箱壁或巢门。

（3）取蜜时间　进入流蜜期后，需要视蜂群的进蜜情况适时取蜜。待蜂蜜酿造成熟，即蜜房封盖后才可以取蜜，而不能见蜜就取。如果巢内装满了蜜而浓度还不能达到分离浓度，可以用空脾或者巢础框扩大生产区，保证蜂群贮蜜不受限制。取蜜时间应安排在每天蜂群大量进蜜之前。蜂群多、产量大的蜂场，取蜜的时间较长，可以将其分为2～3日进行，分批取蜜，这样不仅可以避免当天采集的花蜜大量混入蜜中，保证蜂蜜质量，又不会影响蜂群的正常采集活动。原则上只取生产区的蜜，不取繁殖区，特别是幼虫脾上的蜜，切忌"见蜜就摇"或"扫光摇蜜法"。到了流蜜后期，取蜜需慎重，一定要为蜂群留给充足的繁殖饲料。

4. 单一品种蜂蜜的生产

蜜蜂采集单一蜜源植物花蜜酿制而成的蜂蜜称为单一品种蜂蜜。单一蜂蜜是市场上很受消费者欢迎的蜂蜜，其香味浓郁，且滋味独特，具有较高的营养价值和价格，如洋槐蜜、枣花蜜、荔枝蜜、椴树蜜、油菜蜜、荆条蜜等。在实际生产中，只有大宗的主要蜜源植物才能够生产单一品种的蜂蜜。

单一品种蜂蜜的采收需要在一个蜜源开始流蜜前，将蜂群内所有贮蜜全部取出，即"清脾"。采收下来的单一蜂蜜需要和杂花蜜分开贮存，单独分装，贴上标签。

5. 取蜜方法

取蜜，即分离蜂群中贮蜜的过程。蜂群内巢脾上的巢房已贮满封盖的蜂蜜就可以取了。过早取蜜，分离出来的蜂蜜水分含量较高，容易发酵，营养价值较低，且贮存运输困难。但如果不及时把成熟蜂蜜取出来，工蜂采集回来的花蜜无处存放时，则会影响工蜂的积极性，降低蜂蜜产量，还会引起分蜂热，所以要及时取蜜。取蜜流程主要包括清洁取蜜环境、脱蜂、割蜜盖及分离等程序。

（1）清洁取蜜环境　必须保持取蜜时环境的清洁与卫生，取蜜前需要对蜂场及其周边的环境进行清理，打扫干净，特别是取蜜场所、工具需要保持清洁卫生，无污物和灰尘；消除一切污染源；取蜜的工具，如割蜜刀、摇蜜机、滤蜜器、盛蜜的盆（缸、桶）等都需要用清水洗刷干净，晒干备用。取蜜时，操作人员需穿工作服、戴工作帽，保持手和衣着的清洁，防止污染蜂蜜。

（2）脱蜂

① 脱蜂板脱蜂　只用于生产蜂蜜或专门生产巢蜜，由于管理的蜂群较多，人力少，因此才采用脱蜂板脱蜂。脱蜂板按其上面安装的脱蜂孔的多少分为二孔、六孔和多孔几种。脱蜂时要先搬下贮蜜的继箱，在其原位置放回一个带空脾的继箱，并在上面放好脱蜂板，板上放原来的贮蜜继箱，板上的贮蜜继箱如果有空隙，需要用纸、布堵塞，防止盗蜂钻进盗蜜。脱蜂板最好在取蜜前一天的傍晚放入，多孔的约 2 h 可以脱去一个继箱的蜜蜂，6 孔的约 6 h，2 孔的约 12 h。热天脱蜂板放置时间过长，蜜脾容易融化或坠毁，需要使蜂箱通风，而天气冷时蜜蜂需要较长的时间才能找到通道进入下面的巢箱里，所以生产上使用较少。

② 药剂脱蜂　使用药剂脱蜂时，先要用 22mm 厚的木板制作一个脱蜂罩。脱蜂罩外围尺寸相当于继箱的尺寸，框上钉 2～3 层粗布，再钉上一层薄木板，使用时，用药液均匀地浸湿脱蜂罩的粗布，以药液滴不下来为宜。将贮蜜继箱箱盖取下，先向里面喷一点烟，使蜜蜂活动起来，然后放上脱蜂罩，几分钟后，蜜蜂就会进入巢箱内。较好的脱蜂药有丙酸酐或苯甲酸。丙酸酐在使用的时候可以用等量的水稀释，在 26～38℃ 时效力最好；苯甲酸在 18～26℃ 时使用最好；石碳酸会污染蜂蜜，现在已经禁止使用。使用时以把蜜蜂驱逐到巢箱内为宜，时间过长或者蜜蜂没有被驱逐到巢箱，会造成蜜蜂被麻醉，因此需要控制使用剂量及时间。

③ 吹蜂机脱蜂　吹蜂机可以采用电动的吹风机代替。取蜜时，将贮蜜继箱放在设有吹蜂机的铁架上，用喷嘴顺着蜜脾的间隙吹风，将蜂吹落到蜂箱的巢门口处。吹蜂机的效率不受气温的限制，随着养蜂业产业化的形成，蜂场规模不断扩大，运用吹蜂机脱蜂会越来越受到大家的欢迎。

（3）切割蜜盖　收取分离蜜需要先切割蜜盖，割蜜盖的工具主要由蒸汽加热割蜜刀、电热割蜜刀、自动割蜜盖机。普遍用的是传统的割蜜刀。操作的时候，一手握住蜜脾的一个框耳或侧梁，蜜脾的另一个框耳或侧梁放在割蜜盖架上。一只手拿着割蜜刀紧贴蜜盖从上而下削去。割下的蜜盖和留下的蜜汁用干净的容器装起来，经过一个昼夜滤去蜜液，如果蜜盖上的蜜汁仍有残留，可以放进蜂群，让蜜蜂取食干净后取出，加热化蜡。

（4）分离蜂蜜　分离蜂蜜需要把重量相同的蜜脾放进摇蜜机的框里进行分离。因为重量相差悬殊的蜜脾一起分离，会使分离机产生很大的震动。在转动摇把时应该掌握由慢到快，再由快到慢，逐渐停转，不可用力过猛或者突然停止转动。遇到较重的新蜜脾，第一次只能分离出一面的一半蜂蜜，换面后先甩干净另一面，再换一次面，甩干净（第一面）剩下的另一半，也就是蜜脾翻转两次，以免巢脾断裂。取完蜜的空脾放回巢脾，在分蜜机出口处安放一个双层滤器，把过滤后的蜂蜜放在一个不锈钢大口桶里面澄清。一天后，所有的蜡屑和泡沫都会漂浮上来，再把上层的杂质去掉，然后将纯净的蜂蜜装入包装桶内，盛装蜂蜜时不要过满，应留有 20%左右的空间，以防止蜂蜜外溢。贴上标签，注明蜂蜜的品种。

四、蜂蜜的加工

一般而言，蜂场分离的蜂蜜经过过滤后就可以直接食用或用于深加工，但有时蜂蜜的含水量偏高或混有杂质，为了防止发酵或提高品质，就需要对蜂蜜进行初加工，以达到商品蜜质量要求；蜂蜜加工一般包括加热熔化、结晶液化、粗滤精滤、浓缩除水等过程，特殊品种蜂蜜还需要进行脱色脱味、促结晶等，需要根据蜂蜜的具体情况确定工艺流程。

1. 蜂蜜的过滤

过滤是蜂蜜生产中最常见的一种加工手段，通常分为粗滤和精滤两种。粗滤指的是蜂蜜通过 60 目以下滤网（网孔内径小于或等于 0.25mm）的过滤处理。粗滤的目的是除去蜂蜜中多余的杂质，例如蜡屑、幼虫及蜜蜂尸体等较大的杂质。蜂蜜的精滤是指蜂蜜通过 80 目以上滤网（网孔内径小于或等于 0.17mm）的过滤处理。和粗滤相比，精滤能够进一步去除蜂蜜中的花粉粒等粒径很小的杂质，使蜂蜜更加清澈透明，提高其感官指标。

蜂蜜过滤的流程：蜂蜜加热→去除泡沫→粗滤→蜂蜜再加热→精滤。加工设备主要包括加热设备、输送（加压）设备和分离（除沫、过滤）设备。

加热设备：带搅拌桨蒸汽夹层锅、对流式蒸汽或热水加热器（列管式或板式换热器）、沉浸式电热蛇管热水池及热风式控温供房等。

输送（加压）设备：齿轮泵、罗茨泵、滑板泵、螺杆泵。

分离（除沫、过滤）设备：挡板式除沫器、叶滤器、板框过滤器、双联过滤器等。

生产加工中，需要接触蜂蜜的设施设备，均应为不锈钢材质。

注意事项：粗滤过程应该视蜂蜜中杂质的状况来确定滤网的规格和过滤的级数。当杂质较多，尤其是细小蜡屑较多时，通常采用二级或三级过滤。二级过滤的前级采用 20 目滤网，后级采用 60 目滤网。三级滤网的前级为 12 目滤网，中级应该采用 30 目滤网，后级采用 60 目滤网。这样，可以在不增加过滤压力的情况下，提高蜂蜜粗滤的速度。

精滤使用的滤网越密越好，通常采用 200 目和 400 目二道过滤，这样可以最大限度地减少蜂蜜中残留的花粉量，用以解决瓶装蜂蜜贮存过程中的瓶颈发黑的问题。

蜂蜜过滤时需要选择适宜的温度，过滤的速度与蜂蜜的黏度呈反比。由此，降低蜂蜜的黏度是提高其过滤速率的重要措施之一。蜂蜜的黏度和温度有直接的关系，当蜂蜜的温度低于 38℃时，黏度增加很快；当蜂蜜温度高于 38℃时，黏度的下降也很快。冷的蜂蜜过滤难，必须把蜂蜜的温度提高后，才能提高蜂蜜过滤的效率。在生产上，把过滤蜂蜜的适宜温度设定为43℃，因为该温度下蜂蜜的黏度已下降到较低水平，能够顺利地通过滤网，而再提高温度对黏度的影响较小。与此同时，超过43℃能够使蜂蜜中的蜡屑越来越柔软，粘附、堆叠或堵塞滤网的孔眼，严重影响蜂蜜的过滤线速度。其次，较高的温度还会造成其他杂质形态发生改变，散发出不同异味。蜂农一般没有大型加热设备，因此可以选择在温度较高或装有空调、暖气等设备的房间中进行蜂蜜过滤。

2. 蜂蜜的解结晶化

若蜂蜜在生产加工前发生结晶，则需要采用加热的方法使蜂蜜解结晶化。蜂蜜在加热的过程中需要严格控制温度，以防止蜂蜜中活性物质失活，这是保证蜂蜜产品质量的重要环节。

（1）热风式加热解结晶化　将获得的原蜂蜜整桶放入能够调节温度的烘房内，利用热空气给烘房加热。当室温达到40℃时，采用自控装置将室内温度恒定在40℃左右，一般情况下，5～8h后桶内的结晶就会变软，持续时间越长蜂蜜的解结晶化程度越高。由于使用的加热温度与蜂巢内的温度相近，因此不会破坏蜂蜜的天然成分。该方法仅适用于蜂蜜过滤的前处理，以方便蜂蜜移出桶。

（2）水浴加热解结晶化　水浴加热就是利用一定温度的水来提高蜂蜜温度的工艺技术，这种方法适用于40～80℃的低温加热。采用这种方法对蜂蜜进行解结晶化处理，可以避免温度过高而给蜂蜜品质带来的损害，同时，水在单位时间内对单位面积传递的热量要比空气大很多，因此，这样的方法加热效果要比热风式好。蜂蜜的水浴加热解结晶化通常采用两种方法，一种是恒温水浴解结晶化，另一种就是强化传热水浴解结晶化。

① 恒温水浴解结晶化　可以将整桶的蜂蜜放入热水池中，将水温恒定为40～50℃，通过自然导热的方式将蜜桶中的蜂蜜缓慢解结晶化，适用于小口蜂蜜桶内结晶蜜的液化。这种方法传热温度差较小，解结晶化速度慢，仅作为生产量较小的企业使用。

② 强化传热水浴解结晶化　通过提高水温和增加对蜂蜜搅拌的强化传热方法，缩短蜂蜜解结晶化所需的时间。在有搅拌的情况下，水温可以提高到90℃。对于广口蜜桶，可直接将装有大叶片的转动器插入蜜桶中搅拌，以强化传热；也可以将广口桶内的结晶蜜移到外通循环热水、内装有大叶片转动转动器的容器内，在动力的作用下，通过桨叶的不停转动，强化结晶蜂蜜吸收循环热水传来的热，以加快解结晶化速度。对于小口蜜桶，应先用隔水电热棒或长轴式胶头搅拌器伸入蜜桶中搅化结晶蜜，使其成软块易于倒出，再移入外通循环热水、内装有大叶片转动器的容器内解结晶化。

（3）蒸汽解结晶化　蒸汽解结晶化所利用的导热介质为蒸汽。由于蒸汽在凝结时放出的潜热很大，单位时间内对每单位面积传递的热量要比热水大得多，因此消耗量少，有利于减少动力消耗和设备投资费用。而且，它还具有输送容易、加热均匀以及可调节加热温度的优点，所以在实际生产中应用更为广泛。蒸汽加热解结晶化所用的设备是带搅拌桨的蒸汽夹层锅，夹层内通蒸汽为加热剂，搅拌桨起强化传热的作用，使解结晶化所需时间更短。这种设备还可用于蜂蜜的杀酵母和破坏蜂蜜中结晶核处理，起到一机多用的效果。

以上多种方法都可用于结晶蜂蜜进行过滤加工的前处理，蜂蜜最终平均温度应控制在43℃左右，以保证蜂蜜的品质和后续过滤加工的顺利进行。

3. 脱色脱味

蜂蜜根据蜜源植物的不同，其颜色也具有较大的差别，其中深色蜂蜜有荞麦蜜、桉树蜜、山花椒蜜等，这类蜂蜜铁含量高，具有辅助人体造血的功能，对于贫血患者来说，是一种理想的保健滋补品。然而，这类蜂蜜色重、味臭，大部分消费者不愿食用；若将它直接添加到其他食品中，又会影响食品风味。因此必须对这些蜂蜜进行脱色脱味处理。

脱色脱味主要是通过吸附剂来完成的，通常使用多孔性固体吸附剂，使其中的一种或数种有色有味组分吸附于固体表面，以达到分离的加工处理。蜂蜜脱色脱味的吸附操作流程分为三步：首先将蜂蜜液体与吸附剂接触，液体中部分吸附质被吸附剂吸附；再将未被吸附的物质与吸附剂分开；最后进行吸附剂的再生或更换。

蜂蜜脱色脱味的吸附操作主要有两种方法，其区别在于液体和固体的接触方式。第一种称为接触过滤法：吸附主要在搅拌容器内进行，令固液均匀混合成悬浮液，促使吸附进行，吸附完毕之后，再进行过滤操作，除去液体中的吸附剂。第二种为渗滤法：吸附剂在容器中形成床层，溶液由重力或加压作用通过床层，床层可以是固定床或移动床。通常不具备大规模生产设备的加工厂，可以采用接触过滤法为蜂蜜脱色脱味。

4. 浓缩

浓缩是蜂蜜生产加工中一个重要的技术手段，目的是降低产品蜜的含水量，提高蜂蜜的含糖量，使之符合相关的质量标准，同时蜂蜜的色、香、味、酶、氨基酸等指标也获得改善。

成熟蜂蜜一般不需要加工，但由于市场和销售的要求，有时要进行一些必要的处理。蜂蜜的加工工艺是否合理将直接影响蜂蜜的质量，如香气、色泽、酶值、羟甲基糠醛等都会在加工过程中发生变化。因此，蜂蜜加工必须在专业加工厂进行。

（1）浓缩的工艺流程 原蜜检验→选料配料→预热融蜜→粗滤→精滤→升温→真空浓缩→冷却→中间检验→成品配制→成品检验→包装入库。

（2）影响蜂蜜浓缩的有关因素 蜂蜜在浓缩的过程中容易受到不同工艺参数影响，从而改变蜂蜜原有的理化特性，因此在浓缩时需要注意以下几个方面。

① 加热面积　即蜂蜜的受热面积。加热面积越大，蜂蜜所接受的热量就越大，浓缩速度就越快。

② 加热蒸汽的温度与蜂蜜间温差　温差越大，蒸发速度就越快。

③ 压力　加大浓缩设备的真空度，可以降低蜂蜜的沸点。加大蒸汽压力、可以提高加热蒸汽的温度。不过压力加大时容易出现"焦管"，因而可能影响蜂蜜产品质量。所以，加热蒸汽的压力一般控制在 49～196kPa。

④ 蜂蜜翻动速度　翻动速度越大，蜂蜜的对流情况越好，加热器传给蜂蜜的热量就越多，既受热均匀又不容易发生"焦管"现象。此外，由于蜂蜜翻动速度大，在加热器表面不易形成液膜，液膜能够阻碍热交换。

在浓缩开始时，由于原料蜂蜜的浓度一般不高、黏度较小，对翻动速度影响不大。随着浓缩的进行，蜂蜜中的水分不断被汽化排出。蜂蜜浓度提高，即蜂蜜中干物质的所占比重加大，蜂蜜逐渐黏稠，沸腾情况也逐渐减弱，流动性差。适当提高温度可以降低黏度，但会增加发生"焦管"的可能性。

⑤ 蜂蜜浓缩时的温度　控制温度是蜂蜜浓缩加工的重中之重，蜂蜜进入浓缩器后，温度的设定多是按照要求进行，一般比较容易控制。但是在蜂蜜进入浓缩器之前的温度却往往被人忽视，而进入浓缩器之前的蜂蜜温度对浓缩却能够产生很大的影响。因此，必须对进入浓缩器之前的蜂蜜温度进行严格控制，以便达到预期的浓缩效果。一般可以在进入浓缩器前的工艺中设置一个缓冲储罐或沉箱，并在沉箱上增加水浴恒温加热设施，为使温度得到更好控制，可以加上一个感温装置以便控温。

五、蜂蜜的保存

(1) 贮存容器　根据蜂蜜的理化性质，需要选择非金属容器保存蜂蜜，例如陶瓷、木桶、无毒塑料等容器贮藏，在贮存蜂蜜的时候需要注意蜂蜜在容器中不能过满，特别是在运输时需要留出 25%～30% 的空间。

(2) 贮存条件　经过封装后的蜂蜜需要放在阴凉、干燥、清洁、通风、温度5～10℃、空气湿度 75% 左右的室内。长期贮存会造成蜂蜜质量下降，色泽加深，香气减少，酶值降低，这主要是由于温度过高造成的，如原蜜在 10℃ 以下贮存，可避免或防止蜂蜜品质下降，成品蜜也应避免在 27℃ 以上仓库存放，最好在 20℃ 以下仓库里贮藏。不同品种的蜂蜜需要分开贮藏，防止串味及混杂。

(3) 防止吸湿吸味　蜂蜜需选用密封容器贮于干燥、通风的室内，贮存蜂蜜的室内不可放有强烈气味的物品，以防蜂蜜吸收异味。

(4) 运输　蜂蜜运输过程中要避免日晒、高温（温度不宜超过 28℃）。

蜂王浆是 5～15 日龄哺育蜂头部王浆腺分泌的一种乳白色或淡黄色浆状物质，一般也被称为蜂皇浆或蜂乳，蜂王浆主要用于饲喂 1～3 日龄的工蜂幼虫、雄蜂幼虫、蜂王整个幼虫期及产卵期，其通常作为蜂王生长发育的最主要营养食物，故被称为蜂王浆。蜂王浆是决定蜜蜂级型分化的重要物质。现代医学及营养学认为蜂王浆是一种纯天然的保健滋补品，在人体抗衰老、抗肿瘤、抗辐射、抗癌及调节机体免疫力等方面发挥着十分重要的作用。

一、蜂王浆的成分与理化性质

1. 蜂王浆的主要成分

蜂王浆的成分随蜜粉源植物及气候条件的不同往往存在一定的差异。通常，新鲜蜂王浆的水分含量约为 62.5%～70%，其干物质含量约为 30.0%～37.5%。蜂王浆的干物质中含量最高的为蛋白质，约为 36.0%～55.0%，其中 60.0% 为清蛋白，30% 为球蛋白，该比例有利于人体对蜂王浆的消化吸收。高生物活性的酶在蜂王浆中含量丰富，如胆碱酯酶、超氧化物歧化酶（SOD）、谷胱甘肽酶及碱性磷酸酶等，这些酶类能够调节人体的新陈代谢，促进健康。蜂王浆主蛋白是蜂王浆蛋白中最重要的一类功能性蛋白（MRJPs），它们是一个同源的蛋白质家族。蜂王浆主蛋白中包括许多人体必需的氨基酸。在蜂王浆主蛋白家族中，主要的可溶性蛋白质有 9 种，即 MRJPs 1～9，其中 MRJPs 1～5 占据蜂王浆总蛋白含量的 82%。MRJP 1 是一种弱酸性糖蛋白（等电点为 4.9～6.3，55kDa），可以形成分子量大约在 350～420kDa 的低聚物；MRJP 2、MRJP 3、MRJP 4 和 MRJP 5 则可能是一些分子量分别在 49 kDa、60～70 kDa、60 kDa 及 80 kDa 的糖蛋白。MRJP 2～MRJP 5 的等电点范围在 6.3～8.3。王浆蛋白具有多种生物学活性，例如，MRJP 1 有促进肝再生和对肝细胞保护的功能，MRJP 3 在体内和体外都表现出抗炎作用。

10-羟基-2-癸烯酸（10-HDA）是蜂王浆中具有多种药理学作用的营养成分，也是蜂王浆中特有的不饱和脂肪酸，其含量在 2% 左右。10-羟基-2-癸烯在常温下为白色结晶状态，性状稳定，难溶于水，易溶于甲醇、乙醇、三氯甲烷、乙醚，微溶于丙酮，由于自然界其他物质中还没有发现该物质，因此，10-HDA 也被称为"王浆酸"。此外，蜂王浆中还含有 20 多种游离脂肪酸，组成了蜂王浆独特的脂肪酸集合体系。

蜂王浆中还含有多种糖类物质，糖类物质在蜂王浆中所占的比例一般为干重的

$20\% \sim 39\%$。主要有葡萄糖（占糖含量的 45%）、果糖（占糖含量的 52%）、麦芽糖（占糖含量的 1%）、龙胆二糖（占糖含量的 1%）、蔗糖（占糖含量的 1%）。

2.蜂王浆的理化性质

蜂王浆的颜色会根据蜜源的不同而发生一定的变化，通常主要为乳白色或者淡黄色、黏稠的浆状物质，有光泽，无气泡，口感酸涩辛辣。工蜂合成蜂王浆的原料物质主要来源于花粉和花蜜。

通常，我们根据产浆蜂种的不同，将蜂王浆分为中蜂蜂王浆及意蜂蜂王浆，前者主要采自中华蜜蜂，后者则产自意大利蜜蜂。与意蜂蜂王浆相比，中蜂的蜂王浆外观上更为黏稠，呈淡黄色，其特征成分 10-HDA 含量也相对较低。中蜂蜂王浆产量远低于意蜂蜂王浆。

二、蜂王浆的主要功效

（1）抗衰老、延年益寿的作用　机体内大量的积累自由基是导致衰老的重要原因。蜂王浆中含有大量的超氧化物歧化酶（SOD），它是机体很好的自由基清除剂，能够保护机体免受自由基的伤害，从而达到抗氧化、抗衰老的作用。SOD 在机体中的主要作用是通过催化超氧阴离子和氢离子生成过氧化氢和氧气从而消除超氧阴离子。蜂王浆中含有多种蛋白质、维生素及活性酶类。这些营养元素也是帮助调节机体自身新陈代谢及免疫力的关键物质，可提高人体免疫力，起到延年益寿的作用。

（2）抗菌消炎的作用　蜂王浆中丰富的王浆酸（10-HDA）和活性抗菌肽是其发挥抗菌消炎作用的重要成分。此外，蜂王浆的 pH 值也是影响其抗菌消炎作用的关键因素，在 pH 为中性时，抗菌肽的活性会降低。同时，蜂王浆中还含有大量的黄酮和类黄酮，它们也具有很强的抗菌消炎作用。

（3）抗癌、调节机体免疫力　癌症是人类面临的最大挑战。蜂王浆中的 10-HDA 等酸类物质具有较强的抗癌活性，此外，蜂王浆中含有的球蛋白和多种维生素也能够调节机体免疫系统、增强机体免疫力，进而抑制癌细胞的生长。

（4）保护心脑血管　蜂王浆含有丰富的乙酰胆碱、10-HDA、维生素及一些微量元素。其中乙酰胆碱对血压具有双向调节的作用，维生素能够影响机体蛋白质代谢，而微量元素能够调节血压。由此，根据动物研究显示，蜂王浆具有降血压、降血脂、防止动脉粥样硬化等生理功能，可实际应用于中老年人的心血管保健。

（5）防治糖尿病　蜂王浆中含有胰岛素样肽类，其分子量与牛胰岛素相同，而胰岛素是治疗糖尿病的特效药物。同时，因蜂王浆中含有维生素 B_1，其主要功能是以辅酶的方式参与糖的分解代谢，可间接降低血糖浓度。

三、蜂王浆的生产

蜂王浆的生产是利用蜜蜂特有的行为学、生物学特征进行的。利用蜂群育王过程中，在王台上大量累积蜂王浆哺育蜂王幼虫的特性，人为创造条件培育蜂王，当王台中蜂王浆堆积到一定量时，去除蜂王幼虫以获取蜂王浆。

1. 蜂王浆的生产条件及注意事项

（1）蜂王浆的生产条件及气候条件　蜂王浆的生产需要气候稳定，无连续低温，气温一般应该在15℃以上，此时蜂群已去除外部的保暖包装，蜂群内不再结团。

①饲料条件　产浆群必须饲料充足，并含有数量充足、配比均衡的蛋白质供给。外界蜜粉源丰富，有利于提高蜂王浆的产量和质量，如果蜜粉源不足，则需人工补充饲喂，以满足蜂群生产蜂王浆的物质需要。

②蜂群条件　蜂王浆生产是利用蜂群过剩的哺育力，而只有强群哺育力才过剩。蜜蜂的群势越强盛，过剩的哺育蜂越多，蜂群生产蜂王浆的积极性也就越高。蜂王浆生产的最小群势应在8足框以上，低于8足框的蜂群也可以生产蜂王浆，但是产浆量低，且影响蜂群群势的发展速度，在大流蜜期，还会严重影响蜂群的生产效率。

（2）注意事项　蜂王浆生产要有积极培育蜂王的蜂群和大量有蜂王幼虫的王台，同时，在哺育力过剩的强群中，还需要用隔王板分隔出无王的产浆区和有王的育子区。产浆区无王且哺育力过剩，培育蜂王的积极性强。生产蜂王浆需要同时培育大量的蜂王幼虫，人为地制造大量的人工台基。根据3日龄以内工蜂幼虫可培育成蜂王的特性，在台基中移入工蜂幼虫，放入产浆区后蜂群就会向移入王台中的小幼虫饲喂蜂王浆。

2. 蜂王浆的生产

（1）蜂群的前期管理　产浆的蜂群必须要有一定的群势，组织产浆蜂群的前期工作就是围绕这一要求进行的。

首先，需要在王浆生产前培育群势强大的产浆蜂群，以12足框以上为宜，并有大量子脾。在流蜜期以前，可用新育成的产卵蜂王更换年老的旧蜂王，加强蜂群繁殖，抑制分蜂热发生，增加幼龄蜂的数量。如果蜂场蜂群的群势较弱，一时难以迅速壮大的，可从辅助群中提出带蜂的子脾进行补充，加强群势。

第二，加强蜂群的保温，适度在产浆群中加脾。为了加速早春蜂群繁殖，必须保持巢箱内适当的温度，一般应保持在32～35℃，以利于蜂王扩大产卵圈，幼蜂出房整齐，蜂体健康。适度放脾，以保证蜂王有足够的空巢房产卵。巢脾的配置原则是：蜜脾放在箱内两侧，其次为封盖子脾，幼虫脾和卵带粉脾可交错而放，子脾先放在第二边脾中，以后逐渐放在中央或插进虫、卵脾之间。这样配置巢脾，既能保证蜂王有最大产卵率，还可以保证卵、虫脾得到正常孵化所需要的温度。

第三，留足蜂蜜，及时奖励饲喂，为蜂群提供充足的食料。一般情况下，每足框蜂要留 1kg 左右饲料蜜。除了根据蜂群需要进行补助饲养外，还应进行一定的"奖励饲喂"，即在流蜜期前进行人工饲喂，以诱导蜂群在花期的积极活动，以达到提早产卵，加速繁殖的目的。在粉源不足的地方，要注意喂饲花粉，补充蛋白质饲料，为了方便采浆，在对蜂群进行奖励饲喂时，可以适当添加花粉或类似花粉的蛋白质饲料，并补充一定的维生素和矿物质，例如增加一些牛乳、豆乳或干酪等，有助于促进蜂群泌浆、繁殖和采集活动。

最后，在产浆期需要严格防止蜂群发生疾病，保证蜂群健康。蜂螨是蜜蜂的主要寄生虫。受蜂螨危害的蜂群群势弱，不易养成大群，有的甚至全群死亡，造成严重损失。因此，要蜂群群势强盛，必须注意防治蜂螨。以防为主，以治为辅，培养强群，以增强蜂群抵抗病虫害的能力。

（2）生产蜂群的组织　生产蜂王浆的蜂群必须具备强盛的群势，至少有 8 足框以上蜂，有较多的 3～20 日龄的青、幼年泌浆适龄蜂和充足的饲料。无王蜂群对育王有强烈的欲望，王台的接受率比较高，泌浆多、产量大，以前多数蜂场都采用无王群技术生产王浆。然而由于无新王接替，蜂群生产 3～5 批蜂王浆（15～20 日）后蜂龄老化、群势下降，以致产浆停止，造成蜂王浆生产中断。因此，人们研究出用无王群始工、有王群完成的方法生产蜂王浆，也就是先将移好虫的取浆框放入无王群中哺 20h，待其被接受并被饲以少量蜂王浆后再提出放入强壮的有王群中，充分发挥强群的泌浆能力，让其吐浆。这样，可以避免有王群不易接受的缺点，提高产浆量。无王始工群应注意补充群势，不断地调进子脾，令其时常有新蜂出房，保证蜂群群势不致明显下降，并让其具备一定数量的泌浆适龄蜂。

近年来多数蜂场在春末以后的蜂群强盛期，多以有王群直接生产蜂王浆，强群中哺育蜂（泌浆适龄蜂）充足或过剩，有利蜂群生产分泌王浆、培育蜂王，只要因势利导，完全可以达到生产蜂王浆的目的。有王群生产蜂王浆，是用隔王板将蜂群分隔为有王群繁殖区和无王群生产区。生产区的工蜂与蜂王隔离，蜂王信息素在生产区的浓度低，抑制工蜂筑造王台的作用减弱，通过人为的调整使生产区内泌浆适龄蜂集中，便会大大提高王台的接受率和泌浆能力。繁殖区中蜂王照常产卵，不会影响繁殖，不至于削弱群势。利用强壮的有王群生产蜂王浆，只要对蜂群做好必要的内部调整，就可以持续地生产，并且有利于抑制蜂群产生分蜂热，还不会影响其他蜂产品生产。

（3）产浆工艺及移虫取浆

① 产浆工艺及方法

巢箱产浆法：为了尽早组织产浆群，生产蜂王浆，当蜂群发展到 8 足框以上时，就可以开始产浆了。将蜂群中的 8 框蜂分为左右两个室，中间隔以铁纱隔离板或框式隔王板，形成生产王浆区与蜂群繁殖区。繁殖区即产卵室，一般在左室放 1

框蜜粉脾、2框子脾、1~2框空脾和一只蜂王；生产王浆区右室放3~4框子脾或带有部分蜜粉的脾和1个产浆框，作为产浆室。产浆室的布置，实际上也就是模拟无王群的状态来生产蜂王浆。在整个生产过程中，不断地把产卵室内已产满框的卵、虫脾（2~3日左右）移到产浆室，同时再补加1框空巢脾于产卵室，使蜂王可以持续产卵，当蜂群总群势发展超过8框时，产卵室可逐渐扩大为5框巢脾，整个产浆过程都要不断监控蜂群发展情况，进行调整巢脾工作；如控制不及时或调控不当，都会影响蜂群的繁殖和王浆产量。待产浆蜂群组织好后，就可在产浆室内放入产浆框移入幼虫，开始生产蜂王浆。这时如气温较低，要注意保温和饲养工作，随着气温变化，控制巢门大小，做到合理密集、蜂脾相称。当蜂群发展到10足框，表现较为拥挤时，可以加上继箱，于是整个巢箱改为产卵室，而继箱就成为产浆室了。

继箱产浆法：越冬期过后，若蜂群的群势强大，已发展到10框以上强群，就可采用继箱产浆法，即留6~7框子脾或带有部分蜜粉的脾于巢箱内，另加2~3框优良空巢脾供蜂王持续产卵，另外，提2~3框幼虫脾和蜜、粉脾上继箱。巢箱和继箱之间，隔以隔王板。巢箱内10框中，有王、有子脾。在继箱蜜粉脾和幼虫脾之间插入产浆框，两侧夹以隔离板，板外填入保温物，巢脾上覆以厚草席。此时应特别注意保温，巢内温度应保证上下一致，避免因加入继箱而导致温度下降。此后根据蜂群发展情况，经常调整巢脾，提子脾、蜜粉脾加入继箱，加蜂脾于巢箱。在初加继箱时应注意去除继箱内幼虫脾上可能产生的改造王台。产浆群的哺育幼龄蜂由于大量泌浆，须不断补充花粉和蜜，因此，在产浆框两边必须有粉脾和蜜脾。

② 移虫取浆　产浆操作包括产浆框的制作、移虫、插框、补虫、取浆。

a. 制作产浆框　粘固人工王台，要根据产浆群的情况确定粘固数量，正常情况下，每根产浆条可粘人工王台20~25个，每个产浆框可粘固80~100个。蜂数与人工王台的比例可按1∶8计算，10框以上的强群可适当提高比例。目前一般人工育王使用蜡碗，生产王浆使用蜡碗已较少。早期产浆群群势不稳定或气温不稳定时，可适量减少王台基数，并集中粘固在中间的两根产浆条上，这样更便于蜂群保温泌浆。粘固的王台要求正直稳固，不歪不斜，然后将粘制好人工王台的产浆框放到蜂群内整修。

塑料王台（塑料碗）是目前使用最广的蜂王浆生产工具，采用无毒、透明、无异味的塑料注塑成型，形状与蜡碗相同。最早为20世纪70年代由日本传入我国，引进时是单个王台，使用时用蜂蜡将其粘于木台条上。实践证明，塑料王台的接受率并不低于蜡碗。第一次移虫接受率会低些，但连续2~3次移虫后，接受率就会提高到正常水平。塑料王台的单碗产量还要高于蜂蜡王台，而且生产出的蜂王浆杂质少、品质高。塑料王台强度高，不易损坏，可以连续使用，不像蜂蜡台基最多只能使用一年。正是由于上述优点，20世纪80年代开始，塑料王台在我国广泛应用，成为生产王浆的必备工具。我国的中西蜂蜂场绝大部分以生产蜂蜜与蜂王浆为主，收入比例可平分秋色。生产王浆的发展，促进了塑料王台的技术革新，目前我国塑料王台的品种、技术水平在国际上处于领先地位。为了使生产王浆时使用方便，20世纪80年代初我国研制出塑料王台条，它是一次注塑成型，在一个底条上有许多相连的塑料王台，使用时将底条绑于产浆框的木条上。

b. 移虫　移虫操作是生产王浆的最重要环节，应该熟练掌握其中的操作环节。移虫最好在移虫室或清洁的室内进行，保持室内温度25℃左右，相对湿度75%～80%。移虫操作是将移虫针的舌端顺巢房壁伸入幼虫体下的王浆底部，随即提起，将幼虫连浆一同移出，再将移虫针伸到王台基底部，用手指轻轻压弹簧推杆，将幼虫和王浆一同推进台内，移好1框，将王台口朝下放置，加入产浆群内。移虫要求迅速、准确，虫龄基本一致，第一次产浆使用新王台基，在移虫前向每个王台基里点少量新鲜蜂王浆，可提高接受率。从蜂箱中提出的幼虫脾和已移入幼虫的产浆框，应随时用湿毛巾覆盖，不可暴露时间过长，应及时加入蜂群中以防王浆失水和幼虫受凉。转地放蜂必须在露天操作时，应在作业处洒水以增湿防尘。人工王台可以重复使用，以减省点浆过程，且蜜蜂易于接受，可连续使用12～15次，连续使用时须将前批不被接受的人工王台剔除，再从其他产浆框割来同样用过的王台基补充，从而提高接受率。

c. 插框　插框就是将移好虫的产浆框及时插入产浆群。初次插框，要提前1～2h将产浆群中放产浆框的部位，即虫脾和蜜粉脾之间的距离扩大到2～3cm。插框时需要缓慢、准确，不可扰乱蜂群正常秩序。在一般情况下，群势8～9框的蜂群每次可插1个产浆框；14框蜂左右的蜂群，每次可插2个产浆框；个别群势强、接受率高的蜂群，一次可插3个产浆框。但在条件较差、接受率低的时候，即使插入1个产浆框，也要酌情减少王台条，一般先减去上面1条，后减去下面1条，留中间2条，使王台条刚好在蜂多的部位，以便工蜂哺育和保温。

d. 补虫　移虫后2～3h，提出产浆框进行检查，若台基中未发现幼虫的均需要进行补虫。若补虫太迟，工蜂会将王台咬弃。一般应连补2～3次。使用塑料台基不会被咬坏，次日早上还可再补一次，使接受率达到90%以上。补移的幼虫虫龄要和已移入的幼虫相似。补移后，可将接受率低的产浆框移入接受率高的蜂群中去，能普遍提高各群的接受率。

e. 取浆　取浆的时间一般是在移虫后68～72h。这时工蜂泌浆量最多，而幼虫小，耗浆量较少，即王台内贮积的王浆量最多。取浆时间一般宜在每天有新蜜进巢的上午10：00以后。为了延长工蜂泌浆时间和错开挖浆、移虫的繁忙高峰，在上午10：00左右可选部分强群，将当天要取的产浆框移到边二框的位置，让蜜蜂持续饲喂，同时将移好虫的产浆框加到原产浆框的位置，到10：00后，再提框取浆和补虫。取浆一般要经过提框、割台、夹虫和挖浆四个步骤。

提框：提框取浆需要根据移虫先后分批进行。每次提出10框左右，取完一批，再提出一批，以延长工蜂泌浆时间，减少产浆框离群后蜂王浆被幼虫消耗，并避免水分的散失。提框时抖蜂动作宜轻，以防蜂王浆溅出和幼虫移位，余下的蜜蜂用蜂刷扫尽。

割台：提出产浆框，用锐利的割蜜刀割去王台的顶端，留下长约 10mm 有幼虫和王浆的基部。割台时碰到移位幼虫和封盖的王台，须用刀去除，但要避免割破虫体，以免幼虫体液混进蜂王浆，影响质量。

夹虫：割台后，立即用镊子夹住幼虫的上部表皮，将幼虫拉出，放入容器中。

挖浆：挖浆时可用 3 号取浆笔从王台边插入台底，然后旋转一圈，使笔毛把蜂王浆刮带出台，然后刮入王浆瓶内，并重复一遍。每次挖浆必须刮尽，否则不但会直接减少本批产量，而且会影响下批蜂王浆的质量。用取浆机（器）取浆时，预先检查取浆机和集浆瓶的性能，然后进行清洗消毒，待风干后进行。为了提高蜂王浆质量，取浆宜在无尘且经紫外灯消毒过的房间内进行，取浆人员应穿工作服、戴帽和口罩，取浆结束后对操作间进行整理，将取浆器具进行清洗和消毒，以备下批使用。

按上述步骤操作完成后，蜂王浆生产并没有结束，前一批生产的结束，就是后一批生产的开始，两批之间衔接紧密。前批用的蜡盏（蜂蜡台基），可供后批继续使用6～7 批。但是前一批未被接受的蜡盏一般不能再用，必须用利刃削去，在这位置补粘一个已经被接受过的"老盏"，以便提高接受率。用高产注塑台基生产蜂王浆时，工蜂无法咬去台基，不必补台，对不被接受的台基，只要用取浆笔湿润一下，接受率和已被接受过的台基接近。个别台基内筑起赘蜡的可用直径和台基内径相同的刮刀刮净后，再用带浆笔湿润。整台工作一结束，应立即进行第二批生产的移虫工作。最好在第一批挖浆后趁始盏还未干燥前把幼虫移入，既可提高接受率，又不容易形成浆垢，并能相对地延长第二批的泌浆时间，从而提高蜂王浆的产量和质量。

在外界蜜粉源好、蜂群强、劳力多和框产量高的情况下，也可缩短每脾生产流程时间，改为移虫后 48～56h 取浆。这时所移的幼虫，通常比 68～72h 后取浆的略大。采取这种方法，应备足两套产浆框。取浆前，把备用产浆框移好虫，加到原来放产浆框的位置，原框移到靠边第二框位置，让哺育蜂多喂几个小时，到下午再提出取浆。最后挖完浆的框，用作下批取浆前移虫。48～56h 后取浆虽然框产不如68～72h 后取浆高，但由于缩短生产时间，增多生产批次，因此，蜂王浆的总产量明显提高。

3. 蜂王浆的主要增产措施

（1）使用蜂王浆高产蜂种　目前，我国已有多个王浆高产蜜蜂品种，蜂群在不同的环境及外界刺激下，经过长时间的定向选育，突显出王浆高产的特性，并能使这一优良的性状具有一定的遗传性。蜂农在生产的过程中选择具有较高产浆性能的蜜蜂品种是提高蜂王浆生产效率的主要措施之一。

（2）增加产浆框和人工王台　在群势强盛、采集能力高的蜂群中，可适当增加移虫的数量来提高蜂王浆的产量。如果移入的虫数太少，单个王台的产浆量虽会多些，但总产量却下降了；然而移入的幼虫过多，超过了蜂群的负担，不仅单个王台产浆量不高，总产量也会受到一定的影响，甚至使产量下降。当然，移虫数目与蜂群强弱状况以及外界自然条件如气温、流蜜状况等都有密切关系，必须灵活掌握，应充分地研究合理的移虫密度。此外，新、旧王台要分开使用，可以提高接受率。工蜂喜欢在取过浆的旧王台内泌浆育王，所以在加产浆框时，一定要注意把新、旧王台分开。不能在同一产浆框上放置新、旧王台，也不要把新王台和旧王台的两个产浆框放在同一个箱内，这样可增加产浆量。

（3）准确把握取浆时间　工蜂分泌、提供的王浆会被幼虫消耗。一般在幼虫刚孵化的前两天里，哺育蜂喂给幼虫的饲料比它所需要的量大很多，所以细小的幼虫似乎是漂浮在乳白色的饲料上。随着幼虫的发育，哺育蜂不断供给新的王浆，头两天没有吃完的王浆就会有一部分剩余下来，从而影响王浆的新鲜度和质量。所以从王浆产量及质量看来，移虫后3日内的王浆产量最丰富，品质也最好，72h以后及封盖后王浆数量逐渐减少，质地也差些，有时几乎无浆。根据研究显示，一般采浆时间是在移虫后60～70h为宜。

（4）制定王浆生产的计划　王浆的生产需要有严格的时间控制，以提高蜂王浆的产量。移虫3日的产浆框，第1天的哺育在无王的初始工蜂群完成，其后2日放入产浆群中完成，这样原来以3日为周期的产浆过程，可以在不影响产浆量的前提下提前1日完成。将全场的产浆群分为两组，从每群中带蜂抽出封盖子脾1张，每2张封盖子脾组成一个无王始工群，始工群的数量是产浆群的一半。移虫后产浆框放入始工群中，第2天将始工群中的产浆框放入一组产浆群中，再放入始工群中一移虫后的产浆框。第3天将始工群的产浆框放入另一组产浆群，始工群中放入第3个产浆框。第4天第一组产浆群的产浆框已移虫3日整，提出取浆；始工群中第3个产浆框放入第一组产浆群；取浆后的产浆框移好虫放入始工群。

四、蜂王浆的保存

蜂王浆中丰富的营养物质是其保健功能的关键，但也造成其不易保存的特性。蜂王浆在常温条件下容易变质，要求在低温避光的条件下贮存，贮存温度-7～-5℃为宜。实践证明，在这样的温度条件下存放一年，蜂王浆的成分变化甚微，在-18℃的低温条件下，可存放数年。

此外，光照也会导致蜂王浆中营养成分的损失。如具有醛基、酮基等结构的活性物质在光的作用下会失去原有的活性。

蜂王浆对酸、碱敏感，溶解于酸、碱介质的蜂王浆品质更不稳定。蜂王浆呈酸性，它与金属，特别是锌、镁等金属容易起反应，腐蚀金属。金属进入蜂王浆，蜂王浆同样会受到金属的污染，所以取浆和贮浆的用具不能使用一般的金属制品。

虽然蜂王浆具有较强的抑菌作用，但不等于能杀死所有的细菌，特别是酵母菌，在适宜温度下，混入的蜂王幼虫体液极易引起蜂王浆发酵。把蜂王浆置于阳光下，当浆温超过30℃，只需要几小时就会因发酵而产生大量气泡。

蜂王浆在冷热交替的环境中，或经常振动和换瓶时容易败坏。

蜂王浆的贮存不只是生产过程中的重要一环，也是经营单位贮运和用户使用中不容忽视的重要环节。为了使蜂王浆保持较好的新鲜度，生产时应把蜂王浆装进洁净、干燥、经过消毒的聚乙烯塑料瓶或其他不透光的专用瓶内。且要装满、密封，最好定容定量（1000g/瓶），并标明生产日期和生产者信息，切忌把蜡屑、浆垢和蜂王幼虫体液或组织混进浆内。没有达到上述要求的蜂王浆，收购时要进行转瓶。实际生产中通常可以采取以下方法进行保存，蜂场需要根据自身的条件进行选择。

（1）冷冻贮存法　冷冻贮存法需要一定的设施设备才能完成，经营单位、加工厂家为长期贮存蜂王浆商品或原料，当达到一定数量后，应装箱打包并送入−18℃以下的低温冷库贮存。此温度下，由于蜂王浆中最敏感的活性物质分解减缓，氧化反应基本终止，微生物生长受到抑制，因此可以达到贮存数年且保持质量稳定的目的。若蜂王浆数量较少，可放在−18℃以下的冰柜里贮存。没有条件的，也应把蜂王浆放在−2℃以下贮存，在此温度下经过一年左右其成分变化甚微。

（2）简易暂存法　蜂场刚生产出来的蜂王浆，如果不能立即交售给收购单位，又缺乏低温贮存的条件，可采取下列简易的方法做短暂贮存。

蜜桶贮存：蜜桶内的蜜温比气温变化小，在运输送中，把密封的蜂王浆瓶浸入蜜桶中并防其上浮，到达目的地后取出转入冰箱、冰库贮存。

井内或地洞贮存：炎热季节，井水和地洞温度都低于外界，把蜂王浆瓶装入密封袋中，扎紧袋口，放到井水下面或地洞贮存。

（3）脱水贮存法　蜂王浆通过低温真空干燥或常温真空脱水，将其制成蜂王浆干粉或胶质薄膜干王浆，既能保持鲜王浆的成分，又便于保存，不但贮存时营养损耗比鲜王浆少，而且体积比鲜王浆小，运输和服用也更加方便。

第三节　蜂花粉

蜂花粉是蜜蜂最重要的蛋白质食料，也是促进蜜蜂生长发育的关键物质，还是保证蜜蜂抗逆性的关键营养物质。研究显示，蜂花粉中含有丰富的蛋白质、氨基酸及黄酮类化合物，其营养成分组成及含量与粉源植物的种类密切相关。

近年来，国内外学者研究表明，蜂花粉具有抗衰老、提高机体免疫力、保肝护肝、软化心脑血管、抑制前列腺疾病等多种保健功能，是一种重要的天然、绿色保健滋补品。

一、蜂花粉的成分与理化性质

1. 蜂花粉的成分

蜂花粉的成分随粉源植物的不同存在较大的差别。通常，蜂花粉中含有蛋白质 11%～35%，糖类 20%～39%，脂质 1%～20%，以及多种维生素和生长因子。

（1）蛋白质　蜂花粉是蜂群最重要的蛋白质食料，含有多种必需氨基酸，例如，精氨酸、赖氨酸、缬氨酸、蛋氨酸、组氨酸、苏氨酸等，这些氨基酸的含量与 FDA/WHO 所推荐的优质食品中的氨基酸比例十分接近，有利于机体消化吸收。

（2）脂类　蜂花粉中的脂类物质主要由粉源植物决定，其中含量最丰富的是蒲公英花粉、黑芥花粉以及榛树花粉。蜂花粉中脂类物质主要由脂肪酸、磷脂、甾醇等组成。花粉中的脂肪酸有月桂酸、二十二碳六烯酸、二十碳五烯酸、花生酸、十八烷酸、油酸、亚油酸、十七酸、亚麻酸等，其中不饱和脂肪酸亚油酸和亚麻酸的含量比较丰富。亚麻酸对人体具有独特的保健功能，其在体内代谢转化为前列腺素和白三烯，具有调节激素、降低血液中胆固醇浓度以及促进胆固醇从机体中释放等生理活性。花粉中的磷脂有胆碱磷酸甘油酯、氨基乙醇磷酸甘油酯（脑磷脂）、肌醇磷酸甘油酯和磷脂酰基氯氨酸等。这类磷脂物质是人体和生物体细胞半渗透膜的主要组成部分，能调整离子进入细胞，积极参与代谢物质交换，具有促脂肪作用（防治脂肪肝作用）、抑制脂肪在有机体内形成和过多积累以及在细胞内的沉积、调整脂肪代谢过程等生理活性。花粉富含植物甾醇类（0.6%～1.6%），其中谷甾醇具有抗动脉粥样硬化的生理功能。

（3）糖类　蜂花粉中含量最高的糖类物质是葡萄糖及果糖，此外还有麦芽糖、蔗糖，以及淀粉、纤维素以及果胶类物质。油菜花粉经酸水解后，产物均含有 L-岩藻糖、L-阿拉伯糖、D-木糖、D-半乳糖、D-葡萄糖以及 L-鼠李糖。蜂花粉中还含有部分膳食纤维，含量为 7%～8%。蜂花粉中的多糖不仅是一种能量物质，同时也具有一定的生物活性，能够增强体液免疫及细胞免疫，能有效地抑制肿瘤细胞生长，显著提高细胞内乳酸脱氢酶及酸性磷酸酶的含量，并且对有肺泡巨噬细胞分泌肿瘤坏死因子具有诱导作用。

（4）维生素及矿物质　蜂花粉还含有丰富的维生素及矿物质。每 100g 干的蜂花粉中含有 0.66～212.5mg 的维生素，主要包括维生素 C、维生素 E、维生素 B_1、维生素 B_2、烟酸、泛酸、维生素 B_6、生物素、叶酸等。目前所知的所有蜂花粉中，均能发现胡萝卜素，胡萝卜素能够在人体及动物体内转化成为维生素 A。此外，蜂花粉中还含有多种人体及动物体所必需的矿物质元素，包括钾、钙、磷、镁、铜、铁、硒、硫、锌等，这些元素都在生命有机体内的生理生化反应中起到至关重要的作用。

（5）酚类物质　类黄酮及酚酸是蜂花粉中酚类物质的重要组成成分，它们大部分以氧化形态存在于蜂花粉中，即黄酮醇、白花色素、苯邻二酚和氯原酸，其中黄酮主要是以游离态形式存在，对人体有软化微血管、消炎、抗动脉粥样硬化等多种作用。

2. 蜂花粉的理化性质

蜂花粉通常呈扁椭圆形，由许多花粉颗粒组成，花粉颗粒的形状有圆的、扁圆的、椭圆的、三角形的、四角形的。花粉粒的大小与颜色会随着粉源植物种类的不同而存在差异，直径一般为30～50mm，颜色多样，由淡白色到黑色。花粉表面有不规则的纹饰和萌发孔。萌发孔是花粉粒内成分进出的通道，它的大小、多少和形状因植物的不同而异。成熟的花粉粒主要由花粉壁及其内容物构成。内容物包括营养核和生殖核。花粉壁由内壁和外壁组成，内壁通常柔软且薄，外壁则坚硬，表面不平。

二、蜂花粉的主要功效

（1）保护心血管　蜂花粉具有降血脂作用，主要是蜂花粉中所含维生素、芸香苷和黄酮类化合物、常量和微量元素、多糖、不饱和脂肪酸以及核酸等综合作用的结果，花粉可用于防治动脉粥样硬化，还可预防脑出血、高血压、脑卒中后遗症、静脉曲张等老年病。

（2）增强免疫和防癌作用　蜂花粉中含有大量可增强免疫功能的有效成分，如维生素C、牛磺酸、核酸及微量元素等。

（3）辐射损伤的防治　蜂花粉可以提高受辐照动物外周血粒细胞数，增加受辐照动物血浆超氧化物歧化酶的活性，有利于骨髓造血功能的改善，并能提高T淋巴细胞、巨噬细胞的数量和活性，降低受辐照动物红细胞中的多胺水平，降低脂质过氧化物及其产物丙二醛含量等。

（4）抑制内分泌与前列腺疾病　蜂花粉还能促进内分泌腺的发育，提高和调节内分泌功能，因而对一些由内分泌功能紊乱引起的疾病起到治疗作用，同时蜂花粉中的亚麻酸、黄酮类化合物和吲哚乙酸均为前列腺疾病的克星。

（5）其他　蜂花粉还具有增强体力、调节神经系统和抑菌等功能。花粉中还含有增进和改善组织细胞氧化还原能力的物质，可以加快神经与肌肉之间冲动的传导速度，提高反应能力。

三、蜂花粉的生产

在实际生产中，主要采用花粉截留器（脱粉器）来生产蜂花粉，花粉截留器能够截取工蜂带回蜂群的花粉小球。一般是把花粉截留器固定在采集蜂必经的巢门口（也可放在蜂箱内的箱底处），当工蜂带回的花粉小球经过花粉截留器上的脱粉片小孔时，小孔的边缘把花粉小球刮落下来，掉落在收集器中，然后把收集器中花粉小球及时取出，进行干燥。

常用的干燥方法有：日光干燥、通风干燥、火炕干燥、蜂群干燥、电热干燥、远红外干燥、冷冻真空干燥、化学干燥等。经过干燥的蜂花粉，含水量要求达到6％以下，再进行灭虫卵、灭菌后即可贮存。

四、蜂花粉的加工

蜂场采收的蜂花粉还需要经过消毒灭菌、脱敏、干燥等处理，在制作化妆品、饮料时还需要将其破壁，提取营养成分，脱色后才能用于其他产品的生产加工。

1. 去杂质

刚采收的蜂花粉中含有大量的杂质，如蜂尸、蜂头、蜂翅、蜂足、蜡屑、尘土、虫卵等，可以通过风力扬除和过筛分离以去杂。风力扬除主要是分离除去质轻的蜂翅、蜂足、草梗、蜡屑和粉尘等杂质，过筛分离则主要分离除去体积比蜂花粉团粒（2.5～3.5mm）大的蜂尸、蜂头、草梗等，以及体积比蜂花粉团粒小的尘土、虫卵和碎蜂花粉团粒等。

消毒灭菌　经过去杂处理后，蜂花粉还需要进行消毒灭菌。蜂花粉生产过程中，如果蜂农在收集、干燥、贮存、包装时不注意卫生，有可能使蜂花粉被致病菌污染。通常，蜂花粉的消毒灭菌方法有以下几种。

① 喷洒消毒法　蜂花粉在喷洒前，首先需要测定其含水量，根据含水量来确定使用酒精的浓度。使用酒精的浓度应考虑蜂花粉本身所含的水分，使酒精浓度在70％～75％为最好。蜂花粉的含水量越高，喷洒用的酒精浓度越高。

操作方法：将去杂后的蜂花粉平铺在平整的板子或者席子上，将配好的酒精溶液放在喷雾器中，边喷边翻动花粉，喷洒要均匀、彻底，然后放入塑料袋内密封。

② 远红外线灭菌　采用远红外线照射，可起到灭菌和干燥的双重作用。操作过程中要选择最适宜的温度和时间，避免高温处理，尽可能减少对蜂花粉营养成分的破坏。通常，远红外线灭菌需要一定的设施与设备。实践证明：将蜂花粉放在远红外线灭菌箱内，温度恒定在40～45℃，经过7h即能达到消毒、灭菌和干燥的目的。如果将温度提高到45～50℃，在达到消毒灭菌的同时，还能缩短处理时间，且对蜂花粉的营养成分没有影响。对污染严重的蜂花粉可采用70℃以下的温度，处理3h以彻底灭菌。

③ 微波炉灭菌　使用微波炉处理蜂花粉时，由于水分的高速运动产生热，从而对大肠杆菌等杀伤力很大，温度在75℃时，照射5s，灭菌率可以达到99.99％。其灭菌原理除热效应作用外，光电子效应、磁力共振效应对细菌都有杀灭作用，从而达到灭菌的目的。在实际应用中采用45℃的温度处理蜂花粉，该温度对花粉营养成分活性破坏较小。试验证明：利用高挡位（650W，90％功率）对鲜花粉进行灭

菌效果比较理想。操作方法如下：首先将事先准备好的牛皮纸放在微波炉的托盘上，然后将蜂花粉平摊在纸上、由中心向外逐渐增厚；然后，摊好蜂花粉后将微波炉门关闭，把定时器调节到30s，功率选择钮调至高挡处，然后打开开关；接着，处理30s后停机，开门，用玻璃棒翻搅蜂花粉让其散热，2min后再将蜂花粉摊好送入微波炉，关闭炉门，处理30s，然后开门，搅动蜂花粉散热4min，关闭后再用30s处理一次。最后，取出蜂花粉使其很快散热，至室温后装袋密封保存。用这种方法处理的蜂花粉，在室温下放置半年后，仍然能完全符合食品卫生标准。

采用微波方法灭菌需要根据具体情况选择挡位，不同的细菌对微波炉的杀菌耐力也不同，在实际操作中要根据具体情况确定灭菌时间。如果时间不足，达不到灭菌的目的；而时间过长会使蜂花粉颜色加深和碳化，失去营养价值。

2. 花粉脱敏

极少数的人会对花粉过敏，因此，蜂花粉进入市场前必须经过脱敏处理。目前，用蜂花粉制成的食品对人类是否能产生过敏反应，说法不一。有人认为花粉粒直接接触人的呼吸道黏膜，刺激体内产生抗体，从而引起某些人过敏；蜂花粉绝大多数是虫媒花粉，而虫媒花粉不易使人过敏，所以蜂花粉一般不导致过敏反应。但有极少数人食用蜂花粉后会出现过敏反应，这是因为其体质类型对某些蜂花粉（风媒花粉）有过敏反应，但并非所有的蜂花粉中都有致敏物质。为了防止这部分人群对蜂花粉产品过敏，在制作蜂花粉产品时有必要进行脱敏处理。主要有以下方法。

（1）水煮脱敏法　将蜂花粉溶于水中，置60℃的温度下加热1h脱敏。

（2）发酵脱敏法　发酵技术是一种综合方法，它不仅能使蜂花粉脱敏，而且起到消毒灭菌及破壁的作用。蜂花粉中含有很多酶，在一定条件下这些酶能使蜂花粉中的致敏物质失活，发酵是模拟蜂箱内的温度进行的。将蜂花粉原料的水分含量调整到20%～25%，放置在35℃的发酵室内，发酵48～72h，即可达到脱敏的目的。在发酵过程中温度不宜过高，温度过高会使蜂花粉脱色、变质。如果发酵温度低于30℃，发酵时间则需要延长。发酵用的蜂花粉本身必须带有发酵素和微生物，如果对蜂花粉进行过高温度处理或长时间贮存，需要添加发酵素，方能达到脱敏的目的。

3. 花粉破壁

研究显示，花粉壁能够对机体消化吸收蜂花粉产生一定的消极作用，若蜂花粉不破壁，其营养成分只能被人体吸收30%左右，大量营养物质将被浪费。若需要提取蜂花粉的有效成分，应先将蜂花粉进行破壁，使其营养成分暴露出来。另外化妆品是靠皮肤吸收的，表皮无消化能力，因而用破壁的蜂花粉化妆品效果较好。蜂花粉破壁的方法较多，通常采用的主要有以下几种。

（1）发酵破壁　通过发酵素和酶的作用使蜂花粉壁破裂，从而释放出蜂花粉中的营养物质。

① 加曲发酵破壁法

培养基制备：用谷糠等作为培养基质，首先将糠的皮质充分分解。把硫酸亚铁用清水稀释到波美度密度计 1 度左右，为防止糠腐败变质，可以在 100L 硫酸亚铁稀释液中加入 1.8～3.6L 食醋。用其混合液与糠拌和，放置一段时间（夏天在室温下需 5h，冬天在 5～15℃温度条件下放 15～18h）。

发酵素制备：为了清除细菌，应将培养基蒸 15～20min，待培养基的温度降至 20～30℃时接入曲种，铺在培养板上，厚度以 2.3cm 为宜，然后把培养板放在培养室中发酵培养。种曲的使用量为 15kg 原料糠加 10g 左右种曲。在培养室中培养 10h后，由于发酵所产生的热，使室内温度上升。为了保持培养基上部和下部发酵一致，上、下培养板要经常调换。调节室内温度，使培养基表面的温度保持在 30～35℃，发酵培养 24h，在发酵培养基中加入 30℃左右的温水，再将其发酵液压榨出来备用。

蜂花粉发酵：用发酵液浸泡蜂花粉。发酵液与蜂花粉的比例以发酵液结合附着在蜂花粉表面为宜。浸泡的蜂花粉送入培养室中进行发酵，10h 后发酵开始，蜂花粉的温度逐渐上升，这时要采取换气的方法，使蜂花粉的温度不要超过 37℃，经过 48h 的发酵，花粉壁破裂，然后立即进行干燥。

② 自身发酵破壁法　蜂花粉本身含有较多的酶和微生物，如淀粉酶、过氧化氢酶、果胶酶、氧化酶等，这些酶经高温处理或贮存时间过久就会丧失活力，因此，经加工贮存和经高温处理的蜂花粉不宜采用自身发酵法进行破壁。

蜂花粉自身发酵破壁，首先应按花粉重量的 10％～20％加入温水，使其含水量调整到 14％～30％。实验证明，将蜂花粉握在手里有弹性，这时的含水量一般在 20％左右，是蜂花粉发酵的最佳含水量。当发酵蜂花粉的含水量在 14％以下时，附着在蜂花粉粒上的微生物活性低，发酵需要的时间长，不宜在工业生产中使用。如果含水量超过 30％，发酵过程中蜂花粉表面会发霉，进而变色变质。新脱下的蜂花粉粒，含水量在 25％～37％，此时酶的活性较强，稍加摊晾，水分就会下降，然后进行自身发酵破壁，效果较好。调整蜂花粉的含水量后，将其铺在培养板上，厚度为 2～4cm，放在 35～37℃的培养室内，发酵 48～72h。发酵过程中，每隔 10～12h要进行换气，将培养板上的蜂花粉翻倒一次。发酵需要的时间因蜂花粉的含水量和温度而异，同样的温度下，含水量高的发酵时间短，含水量低的发酵时间长。蜂花粉发酵的最佳温度是 35℃，湿度为 70％～75％，温度超过 39～40℃容易变色变质。

蜂花粉经发酵破壁后，由于营养物质外露，最容易引起杂菌感染，因此需及时干燥，干燥所需的温度以 50℃以下为好。

采用上述两种方法对蜂花粉进行发酵破壁不会破坏其营养成分，只是将有效成分从蜂花粉壳内释放出来，令其容易被人体吸收，同时在发酵过程中杀灭了杂菌，进行了脱敏，提高了食用价值。

（2）温差破壁　利用物质热胀冷缩的原理，首先将蜂花粉低温冷冻，然后急剧升温令蜂花粉外壁胀裂，使营养成分释放出来。

具体操作方法：将 5kg 蜂花粉放入低温冰箱，−18℃冷冻 24h，然后取出投入 80℃水中进行搅拌，在 10℃条件下保存 24h，用虹吸的方法，抽取上清液，最后通过真空浓缩除去水分后就得到破壁蜂花粉。

（3）机械破壁　机械破壁指的是采用机械剪切力去除蜂花粉壁的一种方法，一般有湿法机械破壁和干法机械破壁两种形式。湿法破壁在 45℃条件下进行，此法能完整保存蜂花粉的有效成分，直接形成黏稠的蜂花粉乳状物，其破壁率达 80%～90%，但操作比较复杂，生产周期长，需低温冰箱，对生产工艺的要求较高。干法破壁在较低的温度下进行，工艺、设备简单，破壁率达 90%～99%，在生产中原料会有一定的损失，干燥度要求较高。湿法和干法特点各有不同，在加工中可根据具体情况选择采用。

① 湿法机械破壁　胶体磨通过机械剪切力，将液-固胶体迅速粉碎成微粒。胶体磨分为卧式和立式两种，其工作原理基本相同。当物料通过定盘和动盘之间 25～150μm 的可调节微小间隙时，由于动盘的转速高达 3000～10000r/min，附于旋转面上的物料旋转速度极大，而附于固定面上的物料却静止不动，其间形成极大的速度差，从而使物料受到了强烈的剪切力、摩擦和湍动，产生粉碎和微粒化作用。经胶体磨处理产生的物料细度可达 0.01～5μm，因此可用于本来就很微小（直径 15～35μm）的花粉粒的破壁。因为胶体磨仅适用于液体或浆状体的微粒化处理，因此对于蜂花粉的破壁，必须先将蜂花粉加水调成浆状体后才能进行，即湿法破壁。经胶体磨处理一次的蜂花粉，破壁率为 60%左右。为使破壁率达到 80%～90%，还应反复冷冻、融化，再经过胶体磨处理 2～3 次。经湿法破壁处理的蜂花粉为黏稠乳状半流体。

② 干法机械破壁　干法破壁也需要对蜂花粉进行预检、筛选、烘干、粗粉碎，这些工序与湿法破壁相同。

气流粉碎机处理：利用空气压缩机的空气泵将蜂花粉以一定的压力经喷嘴喷入原料仓，使物料随气流旋转，相互碰撞，在低温中达到粉碎的目的。需要注意的是，蜂花粉在粉碎前必须十分干燥，工作室也要用除湿机调节室内湿度。干法破壁的破壁率达 90%～99%，最后可得干燥蜂花粉末。

蜂花粉破壁率的检验：称取 1kg 样品，加 9L 蒸馏水，制成 10%的花粉液。将花粉液涂在三个载玻片上观察，统计破壁率。

五、蜂花粉的保存

蜂花粉不宜在常温下存放，经过干燥、灭虫卵、灭菌之后，最好存入 −10～−20℃的冷库中保存，这样可使蜂花粉在 3～4 年内不发生变质，营养成分损失很小。如无冷库，也可用二氧化碳或氮气充气后密封贮存。如鲜花粉经 0.01%蜂胶乙醇溶液喷洒，贮存效果更好。

第四节　蜂胶

蜂胶被誉为"紫色黄金"。大量研究表明，蜂胶具有辅助治疗心血管、糖尿病、皮肤病、胃肠疾病、抗癌、增强免疫、抗菌消炎等重要作用，已经成为保健食品研究的热点之一。蜂胶是蜜蜂用来抵抗细菌和病毒侵袭的重要物质。蜂胶是蜜蜂从植物芽孢或树干上采集的胶状物，将其混入其上颚腺、蜡腺的分泌物加工而成的一种具有芳香气味的胶状固体物。主要用于填补蜂箱裂缝、加固巢脾、涂抹巢房、包封入侵动物的尸体等。

一、蜂胶的成分与理化性质

1. 蜂胶的化学成分

刚采集的蜂胶一般含有大约55％的树脂，30％蜂蜡，10％芳香挥发油和5％花粉类杂物。其成分与蜜蜂采胶的植物种类有很大的相关性。有报道显示，蜂胶中可分离出20余种黄酮类化合物，其中属于黄酮类的有白杨素、刺槐素、杨芽黄素等；属于黄酮醇类的有良姜素、山奈素、槲皮素及其衍生物等；属于双氢黄酮类的有松属素、松球素、樱花素、柚皮素等。

黄酮类化合物有维持血管正常渗透性、防止毛细血管变脆和出血、扩张冠状动脉、增加冠脉血流量、调节血压、改善微循环、改变体内酶活性等功能，是一种具有解痉、利尿、抗菌、消炎、抗肝炎病毒、抗肿瘤、抗辐射损伤等生物活性的化合物，药用价值很高。蜂胶中所含黄酮类化合物品种、数量之多是任何一种中草药所不及的，其中分离出的某些黄酮化合物在自然界还是首次发现，例如：5,7-二羟基-3,4-二甲氧基黄酮和5-羟基-4,7-二甲氧基双氢黄酮等。

从蜂胶中还分离出下列具有生物学和药理活性的化合物：苯甲酸及其衍生物，桂皮酸及其衍生物，香英兰醛和异香兰醛，乙酰氧基-2-羟基-桦木烯醇等。

除此之外，蜂胶中还含有维生素 B_1、烟酸、胡萝卜素及多种氨基酸、酶以及多种微量元素，如铝、铁、钙、硅、铝、锰、镍、钠、钾、银、镁等。

2. 蜂胶的理化性质

蜂胶呈不透明固体团块或不规则碎渣状，断面密实不一，有光泽，味清香苦涩，它的色泽依来源和保存年份的不同而存在差异，有铁红、棕黄、黄褐、灰黑等多种颜色。蜂胶是一种亲脂性物质，其特点是在低温时变硬、变脆，在温度升高时变软、变柔韧，并且很有黏性，因此把它叫做蜂胶。蜂胶在15℃以上有黏性和可塑性，15℃以下变硬变脆，60～70℃熔化为黏稠流体。

二、蜂胶的主要功效

（1）消炎抑菌作用　蜂胶能抑制多种细菌和某些病毒的生长，具有良好的杀菌、消炎作用。尤其是对革兰阳性细菌。在医疗中可用作抗菌剂、治疗皮肤病、口腔和胃肠道溃疡等。蜂胶醇（或醚）提取物对常见的真菌、癣菌、絮状癣菌、红色癣菌、铁锈色小孢子菌、石膏样小孢子菌、羊毛状小孢子菌、大脑状癣菌、石膏样癣菌、断发癣菌、紫色癣菌等都有抑制作用，对黄瓜花叶病毒、烟草斑点病毒、烟草坏死病毒和 A 型流感病毒都有较好的杀灭作用。

（2）抗氧化活性　蜂胶醇提取液中的黄酮类和咖啡酸酯类具有较强的清除自由基和抗氧化能力。蜂胶提取物中的咖啡酸苯乙酯可减少肾脏和肺部病变的发生。巴西蜂胶的水提取物中分离出的苯基丙烯酸衍生物的抗氧化活性强于维生素 C 和维生素 E。蜂胶有很好的排毒、改善循环、调节内分泌等作用，故可消除粉刺、青春痘，分解色素斑，减少皱纹，延缓衰老，使肌肤重现细腻、光洁、红润。经常服用蜂胶制品，能有效调节人体内分泌系统，分解体内毒素，增强体质，促进皮下组织血液循环，滋养肌肤，延缓衰老。

（3）抗癌作用　抗肿瘤作用是蜂胶最引人注目的生理活性，蜂胶具有抑制或消灭肿瘤细胞作用，而不影响正常细胞。含有大量的黄酮类化合物是使蜂胶具有抗肿瘤活性原因之一，其中抑制肿瘤细胞生长活性最强的为皂草黄素、桑黄素、儿茶精等。含有大量的槲皮素对多种致癌物有抑制作用，还能抑制多种癌细胞的生长，对卵巢癌细胞、结肠癌细胞、骨髓癌细胞、白血病细胞、乳腺癌细胞、淋巴瘤细胞的生长，都有抑制作用。

（4）护肝作用　蜂胶对于长期喝酒造成的脂肪肝、肝损伤有很强的修复作用，可以有效地预防酒精性肝硬化，预防肝细胞中脂肪的积存，从而对脂肪肝进行有效的预防及治疗。

（5）降血脂作用　1975 年，房柱教授发现蜂胶降血脂效应，随后开展的大规模研究证实蜂胶对高血脂、高胆固醇、高血黏稠度有明显的调节作用，能预防动脉血管内胶原纤维增加和肝内胆固醇堆积，对动脉粥样硬化有防治作用，能有效清除血管内壁积存物，抗血栓形成，保护心脑血管，改善心脑血管状态及造血机能。南京医学院的李子平教授等发现蜂胶片对甘油三酯偏高症有持续、累进的、使之降到正常水平的作用。

（6）调节免疫力　蜂胶能强化免疫系统，增强免疫细胞活力，调节机体的特异性和非特异性免疫功能。蜂胶可增强人体抵抗力与自愈力。蜂胶对流感病毒有灭活作用，还可抑制致病微生物的生长和繁殖。

（7）治疗糖尿病　蜂胶中的黄酮类、萜类物质具有促进外源性葡萄糖合成肝糖原和双向调节血糖的作用。同时，蜂胶通过活化细胞，促进组织再生，修复病损的胰岛细胞和组织，从而对糖尿病患者具有调节血糖的效应。

三、蜂胶的生产

采集粗蜂胶是通过在蜂巢内容易集聚蜂胶的部位放置集胶器等装置，定时采收，再进行集中生产提取。

（1）生产条件　外界最低气温在15℃以上；蜂群健康无病；蜜蜂饲料（蛋白质饲料及能量饲料）充足；蜂群有效采集范围内有胶源植物时，即可开始生产。

（2）生产工具和设备　收集蜂胶的装置（格栅式集胶器、尼龙纱或聚乙烯纱网盖、白粗布、细小竹木条等），取胶工具（竹制刮刀、有弹性的竹木棍、无毒塑料布等），容器（无毒无味的塑料袋等），其他。

（3）操作规程

① 放置集胶装置　将格栅式集胶器或尼龙纱（或聚乙烯纱网）盖置于蜂箱项部，在巢杠上梁上放置细小竹木条若干，竹木条直径以蜜蜂不能通过为度，将白粗布置于蜂箱顶部。

② 采收蜂胶　采用以上方法，待蜂胶集到一定数量时（一般10日左右），即可采收。将格栅式集胶器取下，以折叠或敲击方法采收蜂胶；将尼龙纱（或聚乙烯纱网）盖取下，置于15℃以下温度条件下（冷冻最佳），然后以敲击或揉搓的方法采收蜂胶。由于条件限制，不能放置集胶装置的蜂群，还可以采用竹制刮刀，从蜂箱隔板、副盖、巢框上梁、隔王板、通风纱窗、巢门、蜂箱内壁等处刮取蜂胶。

四、蜂胶的加工

蜂胶含有大量的生物活性物质，但同样也存在一些无明显药用价值的成分甚至一些有毒成分，而且在固体状蜂胶中有些活性因子难以被人体吸收，因此蜂胶在使用之前，必须经过加工提取，将其有用成分提取出来，并使其转化成易被人体吸收的分子状态。蜂胶的成分复杂，其主要成分有黄酮类化合物、有机酸、酚酸类、芳香醇以及脂类物质，还含有维生素和矿物质等。这些结构不同的成分，在溶解性上有较大的差异。国内外研究证实75％的乙醇或其他有机溶剂是溶出蜂胶活性成分的最佳溶剂，降低有机溶剂的浓度将使许多脂溶性活性因子析出，这就使得目前一些市售低醇浓度蜂胶液的活性因子含量降低，同时产品在存放一段时间后还会有固形物不断析出。而乙醇浓度太高，会降低产品的乳化性能并影响食用性及品质。另外，在进行蜂胶与其他材料配比研制功能性蜂胶液时，大量水溶性活性成分会析出。因此研制低醇浓度的全蜂胶液对于蜂胶的深度利用意义重大。

蜂胶中的化学成分及功能组分十分复杂，但绝大部分有效成分均能良好地溶于乙醇和氢氧化钠溶液，只有少数物质溶于非极性溶液。石油醚与乙醇混合可提取出蜂胶中的大部分有效成分，但工艺比较复杂，且因工艺限制而只适于大规模生产。

丙酮与乙醇的极性接近，但是提取物不如乙醇提取法那样可以直接制成配剂。以下介绍几种比较可行的蜂胶提纯技术。

（1）乙醇-石油醚萃取法　将粉碎后的天然蜂胶粉置于萃取器内，加入90％乙醇和60％～90％石油醚，在40℃恒温下搅拌萃取，如此重复3次，合并萃取液，冷却后过滤，减压浓缩。将脂溶性与醇溶性物质合并即可以得到较纯的蜂胶。实验证实：石油醚-乙醇溶液与蜂胶的质量比为1∶4∶1时，40℃温度下，提取率较高，成分较完整。但因设备、工艺较单溶剂提取法复杂，不适合大规模生产。

（2）氢氧化钠溶剂提取法　将粉碎后的天然蜂胶加入10倍质量的1％～2％氢氧化钠溶液，充分搅拌，使之溶后立即过滤，再加入5％盐酸水溶液酸化使蜂胶析出，经水洗后注模成型。这种方法工艺上难以把握，在用碱溶液溶解及酸化过程中都会出现时间过长、温度过高等情况，使析出的蜂胶呈炉渣样物质。分析证明，虽然氢氧化钠溶液对蜂胶有效成分均有良好溶解特性，但酸化后并不能使所有成分还原，而出现了部分不可逆反应。所以，氢氧化钠作为提取天然蜂胶全部有效成分的溶剂是不合适的。

（3）乙醇溶液浸渍法　乙醇溶液浸渍法是比较理想的工业化生产工艺。将粉碎的鲜胶粉加入5倍（质量比）的乙醇水溶液，浓度分别为75％、85％、95％。在常温下浸渍24h，提出浸液，再重复加入2次，合并浸液冷却至5℃以下过滤，减压回收溶剂。其浓缩物呈深棕色至黑色。

五、蜂胶的保存

新采收的蜂胶，要及时装入无毒塑料袋内密封，以防止挥发油损失，并于阴凉干燥处保存（冷藏最佳）。不宜露天存放，严禁和有毒、有异味的物品混合存放（严禁与农药等化学物质共同存放），运输时要注意防晒、防水、防污染。

第五节　其他蜂产品

一、蜂蜡

蜂蜡是区别于蜂胶的另一种蜂产品，是由蜂群中适龄工蜂腹部的四对蜡腺分泌出来的一种蜡状物质，蜜蜂用它来建筑巢脾。工蜂的四对蜡腺位于腹部最后四节的腹板上，蜡腺外面有透明的几丁质蜡板（也叫蜡镜）。蜡腺分泌出液态的蜡质到蜡镜上，一旦接触空气，便很快硬化为白色或淡黄色的蜡磷。之后，工蜂用后足将蜡磷经前足送到上颚，通过咀嚼混入上颚腺分泌的物质制成具有可塑性的蜂蜡，即可用于筑造巢脾或封闭巢房口。每筑造一个工蜂巢房需要蜡磷 50~70 片，雄性蜂巢房 100~120 片；每一张巢脾有巢房近 7000 个，筑造一整张完美的巢脾需要蜡磷 40 多万片，纯重 70~100g。

蜂蜡主要由 8~15 日龄的内勤工蜂生产，工蜂的泌蜡能力与其日龄密切相关，8~12 日龄的工蜂蜡腺最为发达，泌蜡最多。据研究显示，工蜂蜡腺细胞在静止阶段只有 24~26μm，最大可达 140μm。刚羽化出房的幼龄工蜂，由于蜡腺发育不全，不具备泌蜡能力。老龄工蜂的蜡腺逐渐萎缩，一般不再泌蜡，但当蜂群失去蜂巢或幼蜂，则老龄工蜂的蜡腺还会再度发育并重新泌蜡。

1. 蜂蜡的成分与理化性质

（1）蜂蜡的成分　国内外的学者普遍认为脂类是蜂蜡的主要组成成分，比较中华蜜蜂蜂蜡与意大利蜜蜂的蜂蜡可以发现，单脂类的成分含量最高，中华蜜蜂的蜂蜡中高达 54.0%，C_{46} 含量最高，其中软脂酸和三十烷醇形成的酯含量为 21%；意大利蜜蜂的蜂蜡中单脂类成分含量为 43.2%，C_{48} 含量最高。烷烃同样是蜂蜡的主要组成成分，然而这类物质却没有明显的药理活性。烷酸类物质是蜂蜡中酸值的主要承担者，目前蜂蜡标准的重要指标之一就是酸值。蜂蜡药理活性最重要的基础物质是以三十烷醇为代表的总烷醇类成分，承担了蜂蜡大部分的营养保健功能。

（2）蜂蜡的理化性质　蜂蜡根据颜色可以分为黄蜡和白蜡两种，白蜡是由黄蜡经过漂白以后得到的。根据蜜蜂种类的不同，也可以分为西方系蜂蜡（高酸值）和东方系蜂蜡（低酸值）。蜂蜡在常温状态下呈固体，具有蜜、粉的特殊香味，断面呈现微小颗粒的结晶状。咀嚼粘牙，嚼后为白色，无油脂味。蜂蜡的相对密度为 0.95，熔点为 64℃。蜂蜡能够溶于苯、甲苯、三氯甲烷等有机溶剂，微溶于乙醇，不溶于水。但是在特定的条件下，蜂蜡可以和水形成乳浊液。

2. 蜂蜡的主要功效

我国的《神农本草经》记载了蜂蜡（蜜蜡）"主下利脓血，补中续绝伤金创，益气不饥耐老"。《中国药典》也对蜂蜡进行了描述，蜂蜡具有解毒、敛疮、生肌、止痛的功效。

在现代医学中，蜂蜡由于其独特的生物活性物质(二十八烷醇、三十烷醇、蜂蜡素等)已应用于治疗溃疡、降血脂、抗炎、镇痛、体外抑菌、提高机体免疫力等方面。

随着近代轻工业的发展，蜂蜡的应用范围也越来越广泛，目前已经扩展到了美容、化工、农业、畜牧业等多个行业领域。已成功应用于化妆品、保鲜剂、牙膏、饲料添加剂等多种功能产品。

3. 蜂蜡的生产

蜂蜡主要是通过促进蜜蜂多泌蜡、多筑脾，然后将其筑造的赘脾和使用多年的老脾及分泌的蜜盖蜡、蜡瘤等收集起来，经过机械加工的途径来实现生产的。

（1）制造新脾、更换旧脾　充分利用蜂群的泌蜡因素和气候及蜜粉源条件，不失时机地添加巢础框促进蜜蜂筑造新脾，换下旧巢脾化蜡。新巢脾巢房较大，发育的幼蜂体型也较大，其经济性能优于利用老巢脾繁育的蜜蜂。巢脾随着使用代数的增加，巢房内茧衣逐渐增厚，巢房相应地缩小，某些疾病的感染源也相应地增多，对于繁殖育虫和贮蜜存粮均次于新巢脾。所以说多造新脾用于蜂群，淘汰旧巢脾用于化蜡，是一举两得的好方案。

（2）采蜡框生产蜂蜡　采蜡框是用于生产蜂蜡的框架。采用采蜡框生产蜂蜡，不但可以增加蜂蜡的产量，还可以提高蜂蜡的质量。采蜡框一般采用普通巢框改制而成。改制的方法有两种：一是把普通巢框的上梁拆下，在框内上部的1/2处钉一横木，并在两侧条上端部各钉一铁片作框耳，上梁架放在框耳上；二是在普通巢框内的中部钉上一横木，把巢框分成上下两部分。采蜡时，横木上方用于采蜡，下方仍可供育虫或贮蜜。在上梁和横木的腹面各粘上一窄条巢础后，插入继箱的蜜脾之间让蜜蜂造脾产蜡。根据蜂群和蜜源情况，每群一般可插入2～5个采蜡框，每隔7日左右割取横木上部的巢脾化蜡，然后将原框插回蜂群中再造脾产蜡。

（3）零星积累产蜡　在蜂群日常管理中，时常从巢内清理出赘脾、蜡瘤、蜡屑，还有割除雄蜂的房盖、王台基，取蜜时的蜜盖，采浆时王台口等，都要注意收集，积少成多，这也是蜂蜡生产的一个重要方面。在产蜜期可稍微加宽蜂路，以使蜜蜂加高巢房多贮蜜，通过修整巢脾时也可增产蜂蜡。

二、蜜蜂幼虫及蛹

蜜蜂是全变态型的昆虫，其个体发育经过卵、幼虫、蛹和成虫四个阶段。各个阶段的蜜蜂躯体也是养蜂业的副产品之一。蜜蜂幼虫及蛹是一种高蛋白的营养品，具有很高的营养价值及保健作用。

在养蜂生产实践中，于幼虫期采收可得蜜蜂幼虫，在蛹期采收即得蜜蜂蛹，在成虫期采收即得成蜂躯体。在繁殖季节，蜂群中三型蜂齐全，因而可以同时采得蜂王、工蜂和雄蜂三种个体的幼虫和蛹。目前已开发利用的蜜蜂躯体产品主要是幼虫和蛹。

1. 蜜蜂幼虫及蛹的主要功效

（1）蜜蜂幼虫　蜜蜂幼虫是指蜂王幼虫、雄蜂幼虫和工蜂幼虫，其中蜂王幼虫又称蜂仔、蜂胎、蜂王胎或蜂皇胎，是大量吸食蜂王浆而发育成的胚胎营养体，含有极丰富的蛋白质、必需氨基酸、胆碱、激素、酶、维生素、微量元素等生物活性物质。蜂王幼虫体表粘附着蜂王浆，故其也有蜂王浆的营养成分，可补充营养、补肾安神、养血宁神、益肝健脾，用于缓解体虚乏力、神经衰弱、营养不良性水肿、风湿性关节炎、月经异常、溃疡、白细胞减少等症。蜂皇胎还含有多种特异蛋白质和人体必需的氨基酸，能激活酪氨酸蛋白激酶，含有的不饱和脂肪酸能激活胆碱酯酶，含有的保幼激素与蜕皮激素可刺激腺苷酸环化酶的合成，三者可作用于人体的细胞膜，增强细胞膜的流动性、稳定性，起到激活人体各组织器官的功能。蜂皇胎还含有多种具有促进人体代谢、调节内分泌功能的生物激素，能很好地调节女性卵巢功能。虽然蜂皇胎中雌激素含量极微，但它不是通过直接补充雌激素起作用的，而是通过调整卵巢功能来调节雌激素的分泌，使雌激素保持在正常水平，延迟卵巢功能的衰退，推迟更年期。

（2）蜜蜂蛹

① 蜂王蛹　具有补气养血、益脾健胃、强腰壮肾、宣肺润肠等功效，同时能调节女性内分泌系统功能，有效滋养卵巢，延缓卵巢功能衰退，维护其正常功能，对内分泌失调引起的疲乏无力、腰酸腿软、月经不调、阴道干涩、性功能减退等症疗效较佳。

② 雄蜂蛹　又称雄蜂胎。具有增强人体免疫力、促进新陈代谢、提高细胞活性、调节神经系统功能，对体质虚弱、失眠健忘、肾虚阳痿、性功能低下以及延缓衰老都有积极的食疗作用。

③ 工蜂蛹　又称工蜂虫蛹、工蜂胎。其营养价值与保健功能与雄蜂蛹接近。工蜂蛹水提物能降低炎症区域毛细血管的通透性，抑制炎性肿胀，减轻炎症发生程度，抑制炎症组织中白细胞总数的增加。

2. 蜜蜂幼虫及蛹的生产

（1）蜂王幼虫生产　蜂王幼虫的生产是和蜂王浆的生产紧密结合在一起的，采收蜂王幼虫是蜂王浆生产中取浆工序中的一个环节，所以生产蜂王幼虫的组织工作就是蜂王浆生产的组织工作；为了兼顾蜂王浆和蜂王幼虫的产量和质量，在蜂王浆生产的过程中，应量蜂定台，适当增加王台数。在平均台浆量在 280mg 以上的情况下，可考虑增加王台数，这不仅能增加蜂王幼虫产量，也能提高蜂王浆的产量。另外，要保持蜂王幼虫日龄的基本一致，移入台基的幼虫日龄要接近。到取浆时的幼虫正好如米粒大最为理想。一般 3 日取浆的在移虫后 68～72h 取浆时采收蜂王幼虫，2 日取浆的在移虫后 46～54h 采收蜂王幼虫。

采收蜂王幼虫前要准备好采收工具和容器，并进行消毒。削割王台口的刀具要锋利。割台口时不要把幼虫割破。遇到幼虫特别大或已封盖的王台要把蜡盏连幼虫撬掉，千万不要把大幼虫割成两段，以免其体液混入蜂王浆。割完台口后要立即用不锈钢或竹制镊子夹住幼虫的一点表皮，从王台里夹出，放入已消毒过的瓶内，装满后加盖封严。必要时，也可以把幼虫泡在食用酒精中。

（2）雄蜂幼虫、蛹生产　目前，雄蜂幼虫及蛹是老百姓食用最多的蜂体食品之一，生产雄蜂幼虫和蛹要掌握好时间及技巧。

生产条件：生产雄蜂幼虫和蛹不同于生产工蜂幼虫和蛹。因为雄蜂是季节性蜜蜂，只在繁殖季节出现。鉴于上述原因，要生产大量的雄蜂幼虫和蛹，必须具备良好的环境条件和蜂群基础。

生产雄蜂幼虫和蛹一定要在蜂群的繁殖期进行，尤其以春、秋最为理想，北方的夏季和南方的冬季均可进行。生产期外界应有良好的蜜粉源，以保证不断地补充雄蜂发育所需的蜜、粉营养。如果外界蜜、粉条件欠佳，应创造条件，饲喂花粉和蜜水，以满足雄蜂幼虫生长发育对营养的需要。

生产雄蜂幼虫和蛹的蜂群群势要强，最好具有微弱的分蜂倾向。处于繁殖发展初期的弱群、蜂王刚交尾成功的小群、刚交尾产卵毫无分蜂倾向的蜂群、未经特殊组织的蜂群，都不宜用于生产雄蜂幼虫和蛹。

生产工具：大批量生产需要准备生产工具和设备，如生产幼虫用的空气压缩机，组合式隔王板和专用的雄蜂巢脾及贮存虫、蛹的冰柜等。

生产群组织：生产雄蜂幼虫和蛹主要通过以下三个环节实现。

① 产卵群选择与组织　要使蜂王能产大量的雄蜂卵，第一个方法是选择产卵力旺盛的强群，把蜂王用组合式隔王板隔在巢箱一侧的三个巢脾内，上面用三框隔王板盖住，把蜂王限制在这三个脾上，由于这三张脾中间的一张为空雄蜂脾，其余两张为已产满边角的虫脾或新封盖子脾，蜂王只能在雄蜂脾上产卵。第二个方法是使用处女王在小群内产卵，即处女王出房后第七天上午，把处女王用二氧化碳麻醉6min，此后每隔一天再麻醉1次（共3次），最后一次麻醉后的1周内，处女王就会产卵；巢门口用隔王片隔住，处女王无法外出交尾，产的是未受精卵，处女王产卵后不久，把其他工蜂脾脱蜂后提出，加入一张雄蜂脾，让蜂王将卵产入雄蜂脾内，这种处女王产卵一周后每天能产千余粒卵。

② 雄蜂幼虫培育　把一昼夜内产的雄蜂小脾从各群中提出，组拼成大脾（每脾由3个小脾拼成）放到强群中哺育。哺育群内雄蜂脾的两侧各放一整张工蜂幼虫脾和蜜粉脾。蜂王在雄蜂脾产上一昼夜未受精卵后，不管产了多少，也要将该脾提出，按上法加到哺育群中哺育，以保持发育日龄一致，便于收取虫、蛹。非流蜜期，哺育群要进行奖励饲养，以确保雄蜂幼虫发育良好。

为了提高哺育群利用率，每当雄蜂幼虫全部封盖，就可抽出寄存到比较弱的蜂群或恒温箱中让其继续发育。恒温箱的温度宜控制在34～35℃，并要保持一定的湿度。原哺育群再加入未受精卵脾，让其陆续哺育。产卵群抽出产满卵的雄蜂脾后，如要连续生产雄蜂蛹，可立即补加一张空雄蜂脾，让蜂王继续产卵。强大的产卵群组织后7～10日，就应把框式隔王板和三框隔王板控制的产卵区内的两张工蜂脾抽出，重新加入整张的卵虫脾或新封盖子脾。

原本强大的供卵群由于蜂王产未受精卵而导致工蜂子脾减少，不久群势就会下降。补救的方法是往产卵群的产卵区以外部分补充子脾，同时在适当的时候让蜂王产一些受精卵。处女王供卵群的群势下降可用直接补给新蜂的办法去解决。如果用补充子脾的办法去加强和维持群势，会出现蜂王在补进的巢脾里产未受精卵，育出大量瘦小的雄蜂幼虫。为了避免这种现象发生，必须在新加进的子脾和原来的雄蜂脾之间加一框式隔王板，阻止蜂王到工蜂脾上产卵。

③ 生产中蜂雄蜂虫、蛹蜂群的组织　中蜂生产雄蜂幼虫、蛹的巢脾可用平整的意蜂新脾代替。产卵群可由临时抽出的三个巢脾组成，诱入一只处女王，不让它交尾；处女王产卵只留一个雄蜂脾，保持蜂脾相称，并喂给2：1的蜜水，使处女王多产卵。经过2天后把雄蜂脾调给哺育群哺育，产卵群可加第二张雄蜂脾，一个产卵群可供三个以上的哺育群哺育雄蜂幼虫。雄蜂脾在哺育群内要加在蜜粉脾和幼虫脾之间。哺育区和产卵区之间应以框式隔王栅隔开。哺育群内要蜜粉充足，保持蜂脾相称，又要预防自然分蜂，群势应在4～6足框以上。其他管理措施和西方蜜蜂相同。

雄蜂幼虫采收：雄蜂幼虫的采收时间，从营养角度出发以10日龄为最理想；为采收方便，以未封盖前（即从卵开始的第6日到第9日的幼虫期）最为理想，因为这时采收不用割房盖，同时可用气流冲击或离心法采收，效率高、速度快。

雄蜂蛹采收：从卵算起，发育到第15日，雄蜂幼虫脱完最后一次皮，就变成了翅足分离、体躯分明的纯白色雄蜂蛹。但这时其外表皮很嫩，轻碰就破，很难采收。随着日龄增长，表皮渐渐加韧，但到后期又逐渐几丁质化，失去了食用的美味。根据研究，以22～22.5日龄采收最好。方法是把封盖雄蜂蛹从哺育群提出，脱去蜜蜂。把巢脾水平地放在架子上，用木棒敲击巢脾上梁，使巢房内的蛹下落，增大蛹头和巢房盖之间的距离，然后用平整锋利的长刀把巢房盖削去，再把巢脾翻转，使削去房盖一面朝下，未削房盖一面朝上，并用木棒或刀背第二次敲击巢脾上梁，使巢脾下面的雄蜂蛹落到托盘内，同时使巢脾上面巢房里的蛹下沉。过后按上述方法把剩下一面的房盖削去，再次翻转并把蜂蛹敲出。敲不出的少数蜂蛹用镊子钳出，过后进行保鲜或加工。

（3）工蜂幼虫和蛹生产　生产工蜂幼虫、蛹不像生产蜂王幼虫和雄蜂虫蛹那样需要特定的条件，只要在繁殖期，不论群势强弱都可以生产。生产的方法和生产雄蜂幼虫、蛹基本相同，但是生产的日龄比雄蜂短。生产幼虫于产卵后第7～9日或第10日最好，生产蛹于产卵后第19日前后最宜。供卵群除了提供哺育群卵脾之外，本身也可作为哺育群。哺育群除代哺育产卵群提供的卵脾外，哺育群本身也可以作为产卵群。为了提高产量和便于采收，无论强群（哺育群）和弱群（产卵群）都要把蜂王限制在一定的小范围内产卵，以保证日龄一致。工蜂幼虫的采收除采用采收雄蜂幼虫的办法外，也可用离心的方法进行收集。

3. 蜜蜂幼虫、蛹的保存

蜜蜂幼虫及蛹均是高蛋白食品，采收完成后需要尽快进行保存。蜜蜂幼虫在常温下容易发黑变质，必须及时进行保鲜处理。保鲜的方法很多：低温冷冻（-15℃以下）暂时保存；用白酒或食用酒精浸泡保存；最好的办法是把蜜蜂幼虫经真空冷冻干燥磨成干粉，这样不但能长期保存活性成分，而且使用方便。将幼虫用胶体磨研成匀浆，过滤后倒入真空冷冻干燥容器中，匀浆厚度6～8mm，开机速冻至-35℃以下，保持2h，然后升华干燥。最后板温不超过35℃，冻干的幼虫磨成细粉密封包装即可。

蜂蛹取出后极易腐败，通常需要1h内及时加工或者置于冰箱里贮存，如果蜂场既无加工能力又无冷藏设备，则应及时送到已约定好的加工厂加工，或送附近冷库贮藏。蜂蛹运送时，先不要从蛹脾上取出，应将蛹脾上的蜂抖掉，装入继箱里，上下钉上盖子，送往目的地。一般在常温下6h以内蜂蛹不会死亡，鲜活蜂蛹可在-15℃下暂时保存3~4日。

雄蜂蛹也可以用盐水烧煮的方法贮存保鲜，把采收的20~22日龄雄蜂蛹倒入1:2的盐水中，随收随倒，煮沸15~20min后，捞起雄蜂蛹，倒入竹筛上摊晾风干。其干燥标准是，把雄蜂蛹倒到纸上面再倒回去，以纸不见湿为度。风干的蜂蛹装进透气的布袋中，每袋1~2kg，挂于通风处，随后用透气的大布袋或箩筐送售。煮过蜂蛹的盐水，每重复使用一次，每千克应加入150g精制食盐，以保持其具有一定的浓度。这样的雄蜂蛹可暂存3~5日。

三、蜂毒

蜂毒是最具特色的蜂产品之一，在医疗等方面具有十分重要的作用。具有降血压、扩展血管、溶血、抗炎镇痛、抗肿瘤、抗菌以及抗辐射等作用，还能对机体的内分泌系统及免疫系统进行调节，是最具有开发利用价值的蜂产品之一。蜂毒是蜜蜂用其螫针刺向敌害时，从螫针内排出的毒汁。三种类型的蜜蜂中，以工蜂的毒汁较多；蜂王毒囊虽大，贮量是工蜂的5倍，毒液的成分与工蜂毒液稍有差异，只因蜂王数量少，无实际生产意义；雄蜂根本没有毒腺和毒囊。工蜂的螫针，由已经失去产卵功能的产卵器特化而成，一对内产卵瓣演变并合成腹面具钩的中针，而腹产卵瓣演变组合成螫针，嵌接于中针之下，滑动自如。中针与螫针之间闭合成一毒液道，与接受毒腺分泌液的毒囊相通，毒液经毒液道至螫针端部注入敌体。

在生产中，人们采用各种方式激怒蜜蜂，令其排毒，将毒汁排入特定的接受盘中收集起来。蜜蜂的毒腺由酸性腺和碱性腺组成。酸性腺称为毒腺，它是一根长而薄、末梢有分枝的蟠曲小管，末端扩展形成小囊泡，毒腺管的内壁由内分泌细胞、导管形成细胞和鳞状上皮细胞组成，蜂毒的有效活性组分产生于此，毒腺产生的毒汁贮存在毒囊中。碱性腺短而厚，轻微弯曲，它开口于螫针基部的球腔，内壁由上皮细胞组成，它主要分泌报警信息素。

蜂毒在蜜蜂出房后开始生成，随着日龄的增长而逐渐增加。到15日龄达到最高，20日龄以后毒腺失去泌毒的功能，一经排毒后蜂毒量不再增加。工蜂蜂毒的多少与饲料有着密切的关系，在蜂花粉充足的季节，工蜂体内的蜂毒量多。在正常的情况下每只10日龄工蜂平均泌毒量为0.237g，如出房只供给工蜂糖类饲料，不供给蜂花粉饲料，其泌毒量仅为0.056mg。实践表明，在蜂花粉充足的季节生产蜂毒可获得较高的产量。

1. 蜂毒采收

蜜蜂的螫针上有倒钩齿，刺入敌体以后难以退出，而整个螫针连带基部的毒囊等一并断裂，留在敌体上继续收缩排毒。在蜂毒生产中，不能取一次蜂毒牺牲一只蜜蜂，这样的生产意义不大。经过多年的实践，人们摸索了许多取毒方法，既能让蜜蜂排毒又不致伤害蜜蜂，较常用的方法有乙醚麻醉取毒法和电刺激取毒法。

（1）乙醚麻醉取毒　乙醚麻醉取毒法在 20 世纪 50 年代采用较多，蜜蜂被麻醉时排出毒汁，不牺牲蜜蜂，还提高了生产效率。

工具和药品：玻璃缸、塑料袖筒、木板缸盖、乙醚蒸发器、乙醚、无菌蒸馏水、3500mL 棕色玻璃瓶等。

取毒时间：最适宜的取毒时间是在大流蜜期以后，因这时蜂群中老蜂最多，尤其是转地放蜂的蜂场，利用老蜂来生产蜂毒更为有利。取蜂毒一般在早上工蜂出巢前或者傍晚工蜂回巢后进行。

取毒方法：首先对取毒工具进行消毒，再打开蜂箱。选择老年蜂或壮年蜂较多的蜂群，把 1.5kg 的蜜蜂抖入塑料袖筒内，再将塑料袖筒套在玻璃缸上，将蜂倒入玻璃缸内，去掉塑料袖筒，盖上木板缸盖。然后将 3～5mL 乙醚放在蒸发器中，把蒸发器下端浸入热水里，管口接入装蜜蜂的玻璃缸内，乙醚受热挥发，缸内蜜蜂受到乙醚的刺激后，先兴奋，尔后进入麻醉状态，开始蜇刺排出毒液，待大部分蜜蜂排毒以后，倒入 300～400mL 无菌蒸馏水，轻轻摇动，洗下蜂体上附着的毒液，然后用纱布或棉花过滤，滤液倒入玻璃瓶中，密封，随同记录送往药厂加工。洗毒以后的蜜蜂迅速送往原群，摊在继箱空隙处的隔王板上，或摊放在巢门前纱盖上，让蜜蜂苏醒后自动爬入群中，还能继续采蜜。

（2）电刺激取毒　我国在 20 世纪 60 年代掌握了电取蜂毒的技术，并研制出电取蜂毒器和用于采毒的薄桑皮蜡纸或者印蜡纸。其后，陆续研制出多种型式的电取蜂毒器，尤其是 20 世纪 80 年代以来，出现了 NYB 201 型电取蜂毒器、QDY-A 型全自控电子取毒仪、QF-1 型蜜蜂电子自动取毒器。

2. 蜂毒的保存

一般直接收集的蜂毒称为蜂毒粗品，如果不要求一定要除去蜂毒中的糖分或没有必要去除干净的话，那么蜂毒粗品即可用蒸馏水溶解配成 10% 蜂毒水溶液。加 0.5% 活性炭减压过滤，得到澄清透明液体，尼龙布上的蜂毒可用 10 倍重量的蒸馏水溶解，再加 0.5% 活性炭吸附，减压过滤得澄清蜂毒水溶液。再将透明水溶液冷冻干燥，除去水分，得冻干粉，可长期保存。

若对蜂毒粗品要求较高，可用三氯甲烷、丙酮脱脂，除去糖分及酸性物质，经反复精制使其有效的生物活性成分不少于 80%（以干燥品计算），再将其冷却干燥成蜂毒精品长期保存。

参考文献

[1] 余林生. 蜜蜂产品安全与标准化生产 [M]. 安徽：安徽科学技术出版社, 2006.

[2] 董捷. 无公害蜂产品加工技术 [M]. 北京：中国农业出版社, 2003.

[3] 陈盛禄. 中国蜜蜂学 [M]. 北京：中国农业出版社, 2001.

[4] 顾雪竹, 李先端, 钟银燕, 毛淑杰. 蜂蜜的现代研究与应用 [J]. 中国实验方剂学杂志, 2007, 13 (6)：70-73.

[5] 彭涛, 杨旭新. 蜂蜜发酵饮料的开发研究 [J]. 中国酿造, 2010, (2)：174-179.

[6] 刘进. 蜂王浆 10-HAD 提取和饮料加工技术研究 [J]. 食品研究与开发, 2003, (6)：53-55.

[7] 许具晔, 许喜兰, 李晓晴. 蜂王浆保鲜与贮藏方法 [J]. 保鲜与加工, 2007, (3)：55-56.

[8] 蓝瑞阳, 朱威, 季文静, 胡福良. 蜂王浆蛋白质提取工艺研究 [J]. 蜜蜂杂志, 2008, (3)：18-20.

[9] 蔡柳, 林亲录. 蜂王浆的研究进展 [J]. 中国食物与营养, 2007, (8)：19-22.

[10] 陈露, 吴珍红, 缪晓青. 蜂王浆的研究现状 [J]. 中国蜂业, 2012, 63：52-54.

[11] 沈立荣, 张璨文, 丁美会, 等. 蜂王浆的营养保健功能及分子机理研究进展 [J]. 中国农业科技导报, 2009, 11 (4)：41-47.

[12] 黄盟盟, 薄文飞, 张林军, 等. 蜂王浆的主要活性成分及其保健作用 [J]. 中国酿造, 2009, (2)：152-154.

[13] 季文静, 胡福良. 蜂王浆抗衰老作用的研究进展 [J]. 蜜蜂杂志, 2009, (9)：8-11.

[14] 侯春生, 骆浩文. 蜂王浆主要功能、有效化学成分及在食品工业中的应用 [J]. 广东农业科学, 2008, (12)：121-124.

[15] 徐响, 张红城, 董捷. 蜂胶功效成分研究进展 [J]. 食品工业科技, 2008, 29 (9)：286-289.

[16] 王朝勇. 蜂花粉的主要成分和生理功能及其在畜牧生产中的应用研究 [J]. 浙江畜牧兽医, 2010, (6)：12-14.

[17] 刘健掏, 赵利, 苏伟, 等. 蜂花粉生物活性物质的研究进展 [J]. 食品科学, 2006, 27 (12)：909-912.

[18] 李光, 张宁, 雷勇, 孙慧峰. 蜂蜡的现代研究 [J]. 中国医药导报, 2010, 7 (6)：11-13.

[19] 刘红云, 童福淡. 蜂毒的研究进展及其临床应用 [J]. 中药材, 2003, 26 (6)：456-458.

[20] 张其安, 王娟, 杨少波. 蜜蜂细菌性疾病及其防治的研究进展 [J]. 中国蜂业, 2011, 62 (Z2)：25-30.

[21] 李旭涛, 周天旭, 李文琛. 蜜蜂病害防治的基本体系及用药安全 [J]. 甘肃畜牧兽医, 2017, 47 (07)：82-86；105.

[22] 何旭. 西方蜜蜂病敌害的诊断与防治 [J]. 甘肃畜牧兽医, 2017, 47 (07)：87-91.

[23] 申如明. 中蜂病敌害的诊断与防治 [J]. 甘肃畜牧兽医, 2017, 47 (07)：92-93.

[24] 郭兆华. 白垩病不治自愈的思考 [J]. 中国蜂业, 2017, 68 (07)：34.

[25] 刘建华. 中华蜜蜂囊状幼虫病灵芝卵黄抗体的探讨 [J]. 吉林畜牧兽医, 2017, 38 (03)：40-41.

[26] 张祎, 韩日畴. 蜂产品及蜜蜂疾病与劳动分工行为研究概况 [J]. 环境昆虫学报, 2017, 39 (01)：19-38.

[27] 黄明鑫, 蒙莉娜. 蜂病防控预警 [J]. 蜜蜂杂志, 2017, 37 (02)：14.

[28] 刘正忠. 中蜂欧洲幼虫腐臭病的诊断与防治 [J]. 中国蜂业, 2017, 68 (01)：38.